白くてふわふわ…
僕のこと、分かるかな？
JN146816
ひらひらのドレスで
水のなかを優雅に
泳ぐんだ！
なんでこんな色に
なったのか分かるかな？
ほかの生き物が
体にくっついて
模様みたいに
なっているよ
答えは7ページからの
「不思議な色をもつ生き物たちの
ファッションショー」を
チェックしよう！

ビジュアル解説！
不思議な色をもつ生き物図鑑
ふしぎないろをもついきものずかん

# 不思議な色をもつ生き物たちの魅力

あなたがもし日本にすんでいるとしたら、身近な生き物と聞くと
どんな生き物が思い浮かびますか？

イヌやネコ、ハトやスズメやカエルなど、
思いつくだけでもたくさんの生き物があげられますね。

しかしながら、日本にいる生き物で不思議な色をもつ生き物は
あまり多くはないかもしれません。

ところが、世界中に目を向けると、
私たちが想像できないくらい不思議な色や模様をもつ生き物たちが
たくさんいるのです。

ひとつの体にたくさんの色をもっていたり、美しい模様をもっていたり…。
その見た目はさまざまです。

もちろん、「不思議な色」とは、人間の目から見た感覚のことなので、
生き物自身が、自分自身のことを「不思議な色をもっている」と
思っているわけではありませんよ。

そもそも、生き物が色をもっているということは、
その生き物自身がそれらの色を認識できるから、ということに他なりません。

たとえば同じ「赤い色」でも、
人間が見ている色と、鳥や昆虫が見ている色では
ちがう場合があるということを知っていますか？

この図鑑では、不思議な色をもつ生き物たちを紹介するだけでなく、
生き物たちが見ている色の世界や、
不思議な色をもつようになった理由、
身近で見ることができる不思議な色をもつ生き物などを
詳しく説明しています。

まずは、第２章の写真のコーナーを読んでから、
興味がわいたら第１章や第３章を読んでみるのもいいですね。
難しかったら、まわりの人に聞いてみましょう。

あなたがこの図鑑を読んで、
今よりもっと生き物に興味がわいてきたら幸いです。

奥深い、生き物たちの色の世界を楽しんでください。

監修 日本動物科学研究所
所長 今泉忠明

# この本の見方

この本では、ココリコの田中直樹さんと一緒に、不思議な色をもつ生き物を学んでいきます。写真やイラストで、たくさん登場するので探してみましょう!

ケツァール
(カザリキヌバネドリ)
Resplendent Quetzal
鳥類(ちょうるい)
分　類:キヌバネドリ目
キヌバネドリ科
体　長:36~40cm
分　布:中央アメリカ
山地の熱帯林にすみ、アボガドなどの果実などを食べます。繁殖期になるとオスの尾羽は長く伸び、メスにアピールします。オスの尾羽は約65cmほどに伸びるようです。
ツヤツヤ 1-2-3-4-5 フワフワ
安　全 1-2-3-4-5 危　険
80


## 生き物を色分けして紹介しています

## 種名

発見された生き物にはすべて名前がついています。それを「種名」といい、ここでは日本語の「和名」で紹介しています。和名がついていない場合には、英名を使っています。

※分布は、おもな地域や国を紹介しています。

## パラメータ

ツヤツヤ 1-2-3-4-5 フワフワ　その生き物の表面の様子を表しています。

安　全 1-2-3-4-5 危　険　数値が大きい方が危険で、毒をもっていたり、するどい牙などの武器をもっていたりします。

## もっと知りたい！

不思議な色をもつ生き物について、詳しく知ることができるコラムです。

もっと！知りたい

ケツァールのヒミツに迫る！

ヒミツ1 **美しい尾をもつのはオスだけ**

鳥のなかまには、オスの方がメスより派手な見た目をしている種が多くいます。ケツァールもその一種で、美しく長い尾はオス特有のものです。オスは派手なものがメスに選ばれた結果、どんどん派手になっていきました。一方、メスの役割は巣で卵を温めるなど地味な方が都合が良いことが多いため、このような違いが生まれたと考えられています。

ヒミツ2 **「通貨」もケツァール!?**

かつてケツァールが数多く生息していたグアテマラでは、通貨の単位が「ケツァール」とされています。日本では「円」と呼ばれているものが鳥の名前になっているなんて、面白いですね。ケツァールはグアテマラの国鳥でもあります。

グアテマラの紙幣にはケツァールのイラストが描かれています。

緑の長い尾がとっても美しいケツァール。その美しさは世界でも一位、二位を争うほど！

ケツァールの腹部は美しい赤色をしています。

81

## ひと言コメント

その生き物について、さらに知っておきたい大切な知識などを紹介しています。

# 不思議な色をもつ生き物たちのファッションショーについて

次のページからは、「不思議な色をもつ生き物たちのファッションショー」と題し、不思議な色をもつ生き物たちを6つのジャンルに分けてファッションショーを行っています。もし生き物たちがファッションショーをしたら、どんなふうになるか、あなたなりに想像してみるのも楽しいですね。ファッションショーには、ココリコの田中直樹さんも参戦！　一緒に盛り上げてくれています。

## ファッションのジャンル

6つのジャンルに分けて、ファッションショーを展開しています。

## 種名

生き物の種名と簡単な説明を掲載しています。その生き物についてもっと知りたくなったら、第２章で紹介している生き物もいるので、そちらも読んでみましょう。

## ひと言コメント

ココリコの田中直樹さんもファッションショーに参戦し、実況中継をしてくれます。

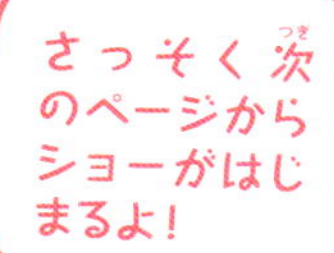

生き物たちのファッションショーを、僕が見学しながら実況中継をするよ！ 一緒にショーを楽しもう！
不思議な色をもつ
生き物たちのファッションショー
ふしぎないろをもつ
いきものたちの
ファッションショー

# エレガント

「エレガント」とは、優雅で上品なようすのことです。童話の世界の王子さまやお姫さまのようなたたずまいがみりょく！

Elegant

## ジプシーバナーホース

イギリス原産の馬で、かつては荷車を運ぶために利用されていました。

Elegant
ベタ
写真は110ページ
鑑賞用として古くから世界中で親しまれてきた魚です。ここで登場しているのは、改良された品種です。110ページでは原種のベタも紹介しています。
ドレスみたいなヒラヒラのヒレが自慢なの！　私はより美しくなるために改良されているのよ♪
Elegant!
見て見て！　ジプシーバナーホースのたてがみやベタのヒレがとっても優雅！　まるでお城の舞踏会に迷い込んだみたいだね！

# キュート

「キュート」とは、かわいらしい、という意味です。ひと言にかわいいと言っても、色々な種類のかわいさがありますが、ここでは三者三様の「かわいい」を紹介します。

## シマエナガ

Cute

日本では、おもに北海道に生息しています。とってもかわいい見た目ですが、残念ながら家で飼うことはできません。

写真は128ページ

これのどこがキュートかって？　このクリクリした目がかわいいってよく言われるんだよ！
Cute
ハエトリグモ
家の中などで見かける、身近なクモです。大きさは1cm程度と小さいですが、よく見ると正面には4つの目をもっています。
海で暮らしているけれど、黒い突起がウサギの耳みたいっていわれているよ。ゴマ模様もポイントなの♪
写真は104ページ
Cute
ゴマフビロードウミウシ
ウミウシは世界中に多くの種類がいますが、このウミウシは、細かい突起におおわれているため、フワフワしたウサギのようにも見えますね。
Cute!
どれもかわいい…？好みにもよるかもしれないね！　家の中でハエトリグモを見つけたらよ〜く観察してみよう！

ゴージャス
「ゴージャス」とは、豪華ではなやかなようすです。立派な飾り羽をもった鳥たちが、ゴージャスなショーをお見せします！
レースのように広がった飾り羽を見て！　とってもゴージャスでしょ！
Gorgeous
ビクトリアカンムリバト
世界最大のハトです。体が大きく、肉がたくさん取れるため、人間に乱獲され数が減っています。
写真は99ページ

Gorgeous
エリマキシギ
日本でも見ることができる鳥です。オスは繁殖期になるとえりまきのような羽がはえ、この羽でメスにアピールします。
写真は130ページ
Gorgeous!
このえりまきが立派なほど、メスにモテるんだ！
頭に大きなせんすを飾った鳥を発見！

カラフル
「カラフル」とは、たくさんの色彩を使った、はなやかで美しいようすのことです。ひとつの体にたくさんの色彩をもった、派手な生き物たちをご紹介します。
Colorful
アカメアマガエル
熱帯雨林に生息する、夜行性のカエルです。日中は葉の裏に張り付き、体の模様を隠しながら眠ります。
写真は91ページ
敵におそわれたら、この赤い目、オレンジ色の手足、青と黄色の脇腹を見せて驚かせてやるんだ！

Colorful

## モンハナシャコ

青や緑、赤など、たくさんの色をもつシャコのなかまです。美しい見た目とは裏腹に、強いパンチ力をもち、貝がらを割って捕食します。

写真は108ページ

Colorful

## アカミノフウチョウ

インドネシアに生息するフウチョウのなかまです。繁殖期のオスは木の根元をきれいに掃除して、求愛ダンスを踊ります。

写真は45ページ

ワイルド
「ワイルド」とは、あらあらしく力強いようすのことです。でも、なかには、見た目と性格がちがうものもいるようで…？
派手なトサカがロックスターみたいで自慢なんだ！　カッコいいだろ！？
Wild
イワトビペンギン
陸を飛びはねながら移動するため、この名前がつけられました。警戒心が強く、攻撃的な性格です。
写真は131ページ

## ヘアリーブッシュバイパー

全身が棘でおおわれた毒ヘビです。中部アフリカに生息し、カエルやトカゲなどを捕食します。

写真は73ページ

## ウルフイール

写真は130ページ

イカつい見た目をしていますが、おとなしい性格をしています。長い体を折りたたんで、岩のすき間に隠れています。

# エキセントリック

「エキセントリック」とは、奇抜で風がわりなようすです。人間には思いもつかないような、奇妙な見た目を楽しんでください。

## インドウシガエル

Eccentric

インドやミャンマーなどにすむカエルです。年に一度の繁殖期だけ、オスはこのような奇抜な体色に変化します。

青と黄の組み合わせで、年に一度メスにもうアピールするんだ！これでメスもメロメロなのさ！

## ホシバナモグラ

Eccentric

目はほとんど見えていませんが、花のような触覚器で、まわりの状況を認識することができます。

写真は48ページ

見た目が気持ちわるいって!?　この鼻のおかげで、真っ暗な土の中でもエサをたくさん見つけることができるんだよ！

\ Eccentric!

地球上には、不思議な生き物たちがいっぱいいるんだなぁ！

## サシガメ

えものとなる昆虫を毒針で刺し体液を吸います。さらに、死骸を自分の背中に乗せて変装し、敵の目をあざむきます。

番外編

# 地味なら作ればいい!? 衣装を着る生き物

まだまだファッションショーは終わりません。ここでは、他の生き物を身にまとうことでオシャレをしている生き物たちを紹介します。

## ゾウムシのなかま

ダニのなかまが、ゾウムシのなかまなどの昆虫に寄生することがあります。赤いダニが張り付くと、まるで衣装を着ているように見えますね。

# 目次

# この図鑑を読む前に

この図鑑では、生き物たちをファッションのカテゴリーに分けて紹介したり、
色ごとに分けて紹介したりしています。

しかしながら、色の感じ方は、見る人によって少しずつちがいますし、
同じ色に見えていたとしても、それを何色と表現するのかも人によって差があります。

同じ緑色を見ていても、「緑に見える」と言う人もいれば、
「黄緑に見える」と言う人もいるでしょう。

それは感じ方や表し方のちがいで、どちらかが正しいというものではありません。

また、同じ生き物の種類でも、その個体が育ってきた環境などによって、
色がちがう場合もあります。

さらに、同じ個体を撮影するのでも、まわりの風景や、光の当たり方などで
色がちがって見えたり、正面から撮影したものと、横から撮影したものでは、
見える色が異なって見えたりすることもあります。

この図鑑では、色にはそういった個人による色の見え方や表現の仕方のちがい、
写真の写り方のちがいがあることをふまえた上で、
あくまでも主観にもとづいた方法で、生き物たちを紹介しています。

そのため、例えば、「オレンジの生き物」のページで紹介されている生き物でも、
黄色に見えることがあるかもしれません。

生き物たちは、人間の目を楽しませるために自分の体をさまざまな色で彩っている
わけではなく、生きていくためにそれぞれの環境に適した色や形に進化してきました。
この図鑑を通して、生き物たちと色の関係に興味をもってもらえたら
大変うれしく思います。

『不思議な色をもつ生き物図鑑』編集部

# 第1章

## 生き物と「色」の関係性

生き物の体の色について考えるには、まずは生き物の目はどんな色を認識しているのかについて考える必要があります。そもそも色とはなんなのでしょう？　生き物と色の不思議にせまります。

# 自然界の色ってなんだろう？

公園に咲いている赤や黄色の花、緑の木、青い空を飛ぶ白い鳥…。私たちの身のまわりは、たくさんの色であふれています。しかしそもそも、「色」とはどのようなものなのでしょうか？　まずは、色とはなにかを考えてみましょう。

## 「色」を見るためには「光」が必要

もし目の前が真っ暗になってしまったら、人間は、まわりの色を判断することができません。つまり、色を見るためには光が必要だということが分かります。ではまず、プリズムの実験を通して光について考えてみましょう。

### ＜プリズムの実験＞

プリズムとは、ガラスでできた三角柱のことです。プリズムの一方から、日光や電球の光を入れるとどうなるでしょうか。

一方から光を通したプリズムを、上から撮影した様子です。プリズムを通った光が、いろいろな色の光に分かれています。

プリズムから光が出るとき、赤色、だいだい色、黄色、緑色、青色…と、色ごとに分けられて出てくることが分かりました。このようにプリズムを通した光がいろいろな色に分けられるということは、プリズムに通す前のもともとの光の中に、いろいろな色の光が入っているということです。白色に見える光も、実はいろいろな色の光を含んでいるのです。これらの光の色ごとに分けた帯を**スペクトル**といいます。

### 虹の7色

ところでみなさん、スペクトルを、どこかで見たことはありませんか？そう、スペクトルの色の順番は、虹と同じなのです。なぜなら虹は、空気中に含まれる水滴がプリズムの役割をし、太陽の光を屈折・反射させることで発生するためです。また、「虹の7色」とよくいわれますが、正確には虹の色は無限にあります。虹が7色だと最初に言ったのは物理学者のニュートンですが、当時「7」という数字が神聖な数とされていたからで、国によっては5色や8色といわれたりすることもあります。

キミには虹が何色あるように見えるかな？　観察してみよう！

## 目に見える光と見えない光

ここまで、「光」と「色」の関係性について学んできましたが、実は、すべての光の色が、人間の目に見えているわけではありません。光には波のような性質があり、光の中に含まれる色ごとに、波の長さ（波長）が異なります。光のうち、目に見えている光を**可視光線**といい、一番波長が短いのが紫色、中間くらいが緑色、一番長いのが赤色です。また、赤よりも波長の長い光には**赤外線**、紫よりも波長の短い光には**紫外線**と呼ばれる光もあるのですが、これらは人間の目には見えません。

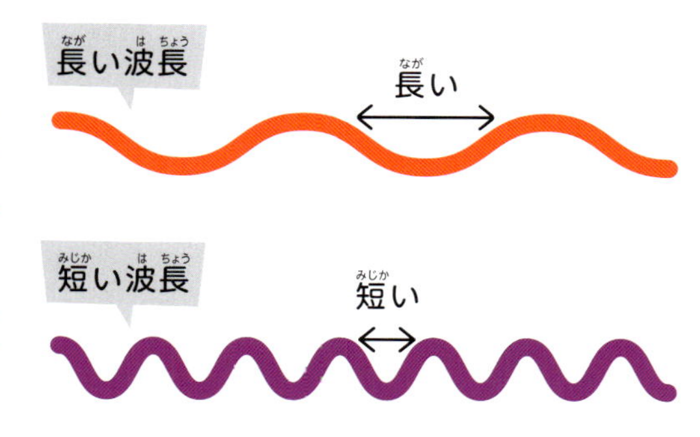

## 色の正体

私たち人間の目が物体の色を認識しているのは、その物体が反射した光の色が見えているというわけです。たとえば赤いチューリップは、太陽や電球の光を受けると、その光の中から赤い光を主に反射し、それ以外の色の光のほとんどは赤いチューリップがもつ**色素**に吸収されてしまうのです。そして、吸収されずに反射した赤い波長の光だけが人間の目に届くため、私たちはチューリップを「赤色」だと認識することができるのです。

赤い波長の光だけ反射します
色素が光を吸収してしまうんだね！

### 物の見え方

テレビや携帯電話の画面は、真っ暗な部屋の中でも見ることができますね。これは、それらの物体が自ら光っているためです。このとき、物体が出している光の波長の色に見えます。このように、物体の見え方は、自ら光っている物体とそうでない物体の2つに、大きく分けることができます。

| | |
|---|---|
| 自ら光る物体 | テレビや携帯電話、パソコンの画面など、物体が出す光の波長に対応した色が見える。 |
| 自ら光らない物体 | 光を反射することで、反射された色が見える。 |

第1章

# 生き物が見ている色

ここまで自然界の色について学んできましたが、実は、人間が見ている色と生き物が見ている色はまったくちがうということを知っていましたか？　さらに詳しく知っていきましょう。

## 「色覚」ってなに？

色を見る感覚を**色覚**と言います。色覚をもっていると科学的に証明されている生き物は、人間以外だとサル、イヌ、ネコ、ミツバチやハエ、チョウ、キンギョ、コイなどです。

色覚に関係するのが、目の中にある**錐体細胞**という細胞です。人間は赤・緑・青の光の波長を認識できる３種類の錐体細胞をもっています。この赤・緑・青は**光の三原色**とも呼ばれ、この3つの色が組み合わさることで、人間の目は色を認識することができるのです。同じ哺乳類でもイヌやネコは錐体細胞を青と黄の2つしかもたないため、赤や緑を人間と同じようには認識できないと考えられています。

反対に、鳥や魚の多くは、人間よりも多い4種類の錐体細胞をもっていて、人間が見ることができない紫外線や赤外線（25ページ）を色として見ることができます。それらの生き物がどんな風に色を見ているのか、私たち人間は直接知ることができませんが、想像してみると楽しいですね。

哺乳類の中でも、人間やサルといった霊長類のなかま以外は、色覚が発達していません。これは、哺乳類の多くが夜行性で、暗いところで活動する生き物にとって色はあまり重要ではなかったからだと考えられています。

## 昆虫が見ている世界

### ミツバチ

20世紀のはじめ、動物学者のフリッシュは、昆虫に色が見えていることを初めて証明しました。フリッシュは、昆虫が好む蜜と色を組み合わせた実験を行い、ミツバチには赤い色が識別できないかわりに、人間には見ることができない紫外線が見えていることを明らかにしたのです。

### アゲハチョウ

ミツバチは赤い色を識別できませんが、アゲハチョウは実験により赤い色を見ることができることが分かっています。

### モンシロチョウ

モンシロチョウも、ミツバチと同じように紫外線が見えるといわれています。モンシロチョウのオスは、春から夏にかけての繁殖シーズンに、複数のメスと交尾をします。オスとメスは見た目にちがいはありませんが、モンシロチョウのオスとメスでは、紫外線を反射する量が異なるので、オスはその紫外線を見てメスを認識しているのです。

### 蜜のある場所の見つけ方

左は日光のもとで見たヒマワリ、右はヒマワリから反射された紫外線をとらえたものです。蜜のある花の中央が黒くなっていることが分かります。こうして、昆虫は蜜のある場所を探していると考えられています。

## 鳥が見ている世界

大部分の鳥は、赤・緑・青・紫外線を認識する錐体細胞をもっているので、人間よりも多くの色を見ていると考えられています。鳥のなかまには、とてもきれいな羽をもつオスがたくさんいますが、これはメスがそれらの色を識別できるからだと考えられています。鳥の中でも、ハトのなかまは地球上の生き物の中でもっとも色を認識する能力がすぐれているといわれています。

⬆➡上は、人間の目から見たハゴロモインコ、右は、紫外線を写すカメラでとらえたハゴロモインコです。白い部分は紫外線の反射が強いところです。

## ヘビが見ている世界

夜行性のヘビは、暗闇の中でもえものをとらえることができます。なぜなら、生き物の体から出ている赤外線を見ることができるからです。赤外線とは人間の目には見ることができない光で、熱をもつ生き物から放射されています。赤外線をとらえるのは、ヘビの口の上にある「ピット器官」と呼ばれるくぼみです。そのくぼみで、生き物から出ている熱や周囲との温度差などを感じとり、その情報を脳でまとめてその生き物を見ていると考えられています。

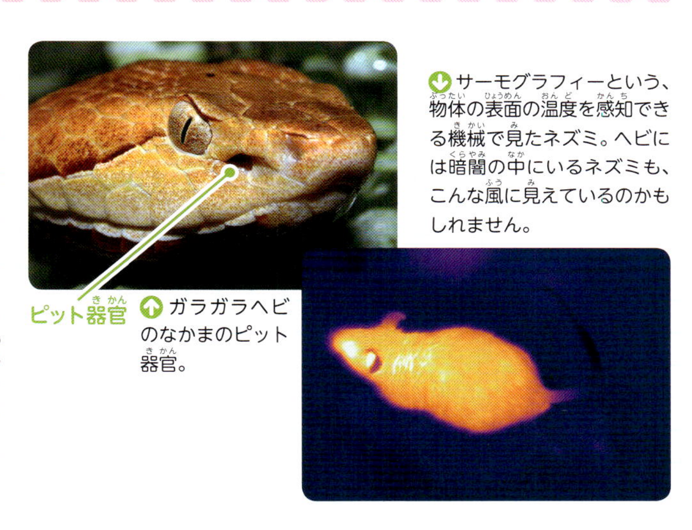


⬇サーモグラフィーという、物体の表面の温度を感知できる機械で見たネズミ。ヘビには暗闇の中にいるネズミも、こんな風に見えているのかもしれません。

⬆ガラガラヘビのなかまのピット器官。

生き物によって、見ている世界がまったくちがうんだね！


### 色の恒常性

色覚をもつ生き物にとって大切なのは、どんな光のもとでも同じように色を見ることができる能力です。たとえば人間は、明るい部屋の中でも、夕暮れの光の中でも、まわりの景色の色を認識することができますね。これを、「色の恒常性」といいます。昆虫では、ミツバチやアゲハチョウが色の恒常性をもつと考えられています。

第1章

# 生き物と「色」の関係性

自然界で、「赤」はとても重要な意味をもっています。自然界で多く見られる緑の補色である赤は、自然の景色の中でもとても目立つので、強い毒をもっていることをアピールしたり、繁殖期のオスがメスにアピールしたりするためには、最適の色というわけです。あなたのまわりの人で、オシャレをするときはくちびるを赤く塗っているのを見たことがありませんか？　人間にとっても、赤は重要な意味をもつ色なのでしょうね。ここではそんな、色と生き物の関係性について学びましょう。

## 赤い色はオスのアピール！

「赤」は、生き物にとって重要な意味をもつ色です。たとえばサルのなかまのオスは、繁殖期になると、ふだんから赤いお尻がますます赤くなります。この赤い色が、メスをひきつけるのです。つまり、オスのサルにとって赤とは自分の強さと健康の表れなのです。同じようにサケのなかまのオスも、繁殖期になると体全体が赤くなる種があります。このような色のことを婚姻色といいます。

### ニホンザルの例

ニホンザルのオス

繁殖期のニホンザルのオス。真っ赤なお尻でメスにアピールをします。

ニホンザルは、日本の動物園でも見ることができるよ！


### ベニザケの例

繁殖期以外のベニザケ

繁殖期のベニザケのオス。オスは背中が盛り上がり、口が長くなります。

ベニザケは繁殖期にはオスもメスも体が赤くなるため、川一面が赤く染まります。

## 赤い色は「危険」のサイン!?

赤や黄色など、目立つ色をもつ生き物は、毒をもっていることが多いといわれています。目立つ色で、自分の毒をまわりにアピールし、一度食べてひどい目にあったことのある敵から捕食されないようにしているのです。たとえば、熱帯雨林にすむヤドクガエルのなかまはとても強い毒をもち、赤や黄や青といったとても派手な色をしています。ヤドクガエルを捕食してひどい経験をした鳥はその色を覚えて、ヤドクガエルを避けるようになるというわけです。このような色のことを**警告色**といいます。

### 赤で警告する生き物たち

**ナナホシテントウ**

ナナホシテントウは、危険を感じると関節から臭いにおいのする体液を出します。赤と黒の目立つ外見で、「食べるとまずいぞ！」とアピールしているのです。

**イチゴヤドクガエル**

イチゴヤドクガエルは、熱帯雨林にすむ強い毒をもつカエルです。ヤドクガエルのなかまは他にもたくさんいますが、どれも、赤や黄、青など派手な外見をしています。

**マダラガのなかま**

ガやガの幼虫の多くは毒をもっていると思われがちですが、実際に有毒なのはごく一部です。このマダラガのなかまも毒をもっていませんが、こんな派手な見た目だと、敵も警戒して襲わないのです。

**アカスジカメムシ**

日本でも見ることができるカメムシのなかまです。こちらも一見毒をもっていそうですが実はもっていません。目立つ柄で、敵に対して「毒をもっているかもしれないぞ！」と警告していると考えられています。

## 毒をもつ生き物のマネ!?

自身は毒をもたないけれど、毒をもつ生き物に見た目が似た生き物がいます。このように、他の生き物に似た形状をもつことを**擬態**といいます。生き物が意識的に似せているわけではありませんが、たとえば毒のある生き物に少しでも似たもののほうが、捕食されにくいため生き残った結果だと考えられています。擬態については142、143ページでも説明しています。

⬆毒をもつベニモンアゲハ

⬆ベニモンアゲハに擬態するシロオビアゲハ

## 構造色の不思議

25ページで、物に色がついて見える仕組みを学びました。しかし、生き物の中には、吸収や反射によらない仕組みで色づいて見える種がいるのです。それらはその表面の構造に特ちょうがあるため、**構造色**といいます。具体的に、構造色をもつ生き物を例に挙げて説明していきましょう。

### 構造色をもつ生き物

#### ▶コウチュウのなかま

コウチュウのなかまの外皮は、透明なうすい膜が何層にも重なった構造をもっています。この層に光が当たることで、表面が色づいて見えます。

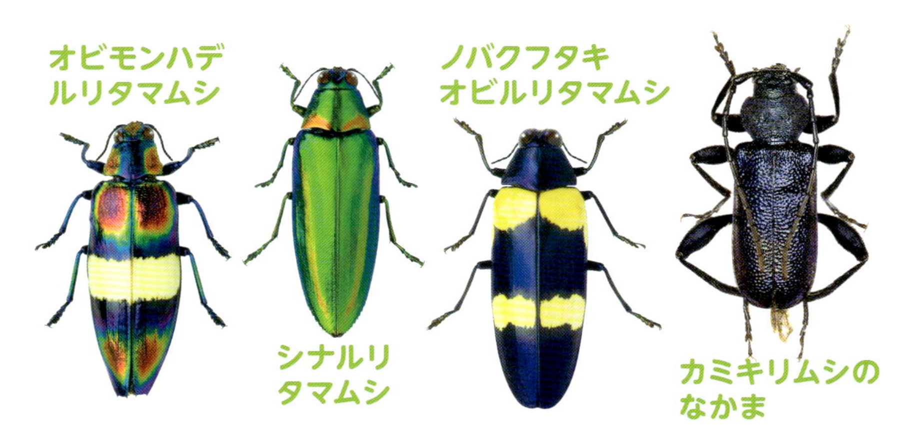


#### ◀モルフォチョウのなかま

同じ構造色でも、美しい翅をもつモルフォチョウのなかまは、コウチュウとはちがう仕組みをもっています。モルフォチョウのなかまは、翅についたりんぷんの表面に規則正しく刻まれた溝をもち、これに光が当たることで、青く美しい金属のような光沢が生まれるのです。

モルフォチョウのなかまのりんぷんを顕微鏡で見た様子。溝が入っているのが分かります。

ななめから見ると、輝いていることがよく分かります。

#### ▶まだまだいる！ 構造色をもつ生き物

その他にも、構造色をもつ生き物はまだまだたくさんいます。いくつかの生き物を紹介しましょう。

カワセミ

マガモのオス（頭部）

インドクジャクのオス

**構造色の特ちょう**

- 見る角度によってさまざまな色があらわれる。
- 紫外線によって色あせない。

## オスとメスで色がちがう生き物

同じ生き物でも、オスとメスで色や見た目が異なる種がいます。たとえばライオンは、オスが立派なたてがみをもっているのに対し、メスはもっていません。これはどうしてなのでしょうか？
自然界では、オスはメスに気に入ってもらえないと子孫をのこすことができません。そのため、メスよりオスの方が目立つ色や見た目をして、メスに対してアピールをしているのです。メスも、より優秀な子孫をのこすため、立派な見た目をしていたり、美しい羽をもつオスをえらびたがるのです。反対に、メスは産んだ卵や子どもを守るために、目立たない方が都合がよいのです。特に、鳥のなかまは、メスよりオスの方が目立つ羽をもつ種が多いようです。ここでは、そんなオスとメスで色や見た目がことなる鳥のなかまを紹介します。

オス

### ホオカザリハチドリ

オスが立派な飾り羽をもっているのに対し、メスはもっていません。

メス

オス

### アンデスイワドリ

オスの体は全体的に明るいオレンジ色ですが、メスはかっ色です。

メス

オス

### オオハナインコ

オスが緑色、メスが赤色です。なぜこんなに色がちがうのか、詳しいことはまだ分かっていません。

メス

# 人間が利用する自然界の色

ここまで、婚姻色、警告色や構造色について学んできましたが、実は人間もこれらの色を利用しているのです。身近な例を見ていきましょう。

## いくつ見つけられるかな!? 身のまわりにある色

黄色は「注意」

踏切は、ハチの黒と黄色の警告色を利用しています。この色の組み合わせがあると、よく目立つので、簡単に危険だということが分かります。

道路の標識や信号機の止まれ、消防車には赤い色が使用されています。29ページで学習したように、赤い生き物は毒をもつことが多く、生き物が示す警告色であることから、人間も危険や警告を示す色として赤い色を使用するようになったのです。

赤は「防災」や「危険」

## 自然と同化！ 迷彩柄

相手の目をあざむいてカモフラージュする手段はいくつかありますが、代表的なものが迷彩です。迷彩柄の模様は、森の中などでは周囲の風景に溶け込み、相手から見えにくくなります。みなさんも、洋服の柄として見たことがあるのではないでしょうか。

迷彩柄は、国や地域などにより少しずつ異なりますが、その多くが緑や茶色といった、自然界に多く存在する色で構成されています。本来は、戦争のさいに目立たないようにするために軍服の柄として使われていましたが、今ではファッションとして、広く使用されています。

代表的な迷彩柄の一例

## 人間が作りだした構造色

30ページで学んだ構造色を、人間が作りだしている例もあります。

代表的なものにCDやDVDが挙げられます。CDやDVDの表面は、見る角度により色がかわり虹色に色づいて見えますが、これはなぜでしょうか？　実は、CDやDVDの表面には目に見えない小さな溝が規則的に並んでいます。この小さな溝が、モルフォチョウのりんぷんの表面構造と同じ役割を果たすことで、虹色に色づいて見えるというわけです。

見る角度により色がかわる！

### シャボン玉も構造色!?

実は、シャボン玉の色も構造色によるものなのです。シャボン玉の膜がコウチュウの外皮のうすい膜と似た役割を果たすことで、右の写真のような色に見えます。

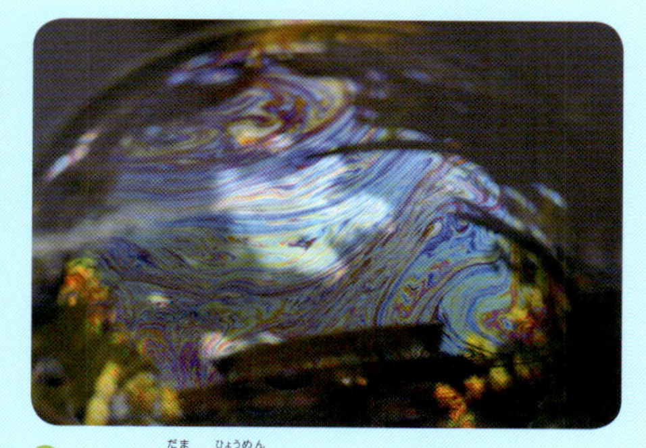

シャボン玉の表面

第1章

まだまだ知りたい

# 自然界の色にまつわるQ&A

## Q1 空はどうして青いの？

A 大気（地球をとりまく空気）の中には、目には見えない小さな粒がたくさんただよっています。太陽の光がそれらの粒にあたると散乱し、一面に広がります。このとき、波長が短い青い光ほど強く散乱するのです。そのため、青い色が強調され、空は青く見えるのです。また、太陽が沈む夕方になると、太陽の光はななめの方向から差し込みます。そうすると、昼間より大気の層を長く通過することになります。大気の層を長く通過すると青の波長の光は届かなくなり、残った赤の波長の光が人間の目に届くため、赤い夕焼けに見えるというわけです。

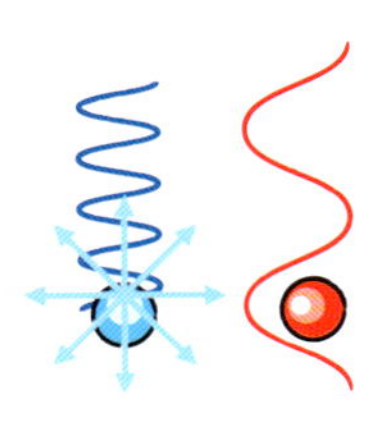

波長が短い光は、大気中の小さな粒にぶつかりやすく、強く散乱します。
波長が長い光は、大気中の小さな粒にぶつかりにくく、散乱が弱い。


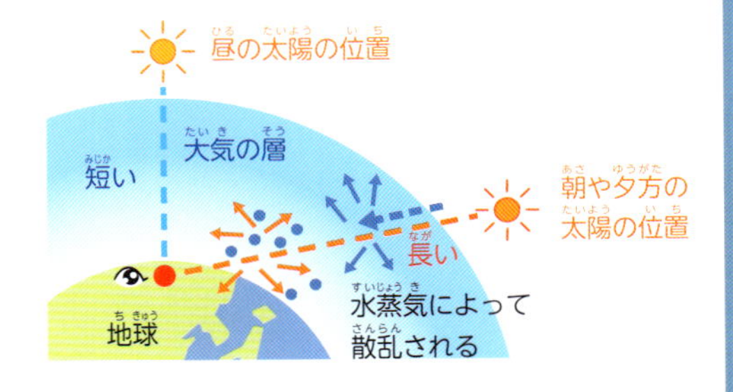


## Q2 海が青いのはなぜ？

A 海の色が青いのは、空の色が青いのとは、またちがった理由があります。
水には、赤の波長の光を吸収する性質があります。これにより、吸収されなかった青い波長の光が人間の目に入るため、海は青く見えるのです。海の水じたいに、色はついていないんですよ。

場所や見る角度によって、海の色はさまざまに変化します。

## Q3 星の色に、いろいろな色があるのはなぜ？

A 星をよく観察してみると、少しずつ色がちがうことが分かります。これは、星の表面の温度のちがいによるものです。青白く見える星は温度が高く、赤っぽく見える星は温度が低いのです。ちなみに、赤っぽい星は約3,500℃、青白い星は約15,000℃もあるんですよ。

美しい星空。いろいろな色の星があることが分かりますね。

# 第2章

## 不思議な色をもつ生き物たち

第２章では、不思議な色をもつ生き物を、写真といっしょにたくさん紹介しています。
お気に入りの生き物を見つけてみましょう。

生き物の色について
たくさん学べたね！
分からないことはま
わりの大人にも聞
いてみよう！
ここからは世界中の不
思議な色をもつ生き物
がたくさん登場するよ！

# 第2章 赤い

自然界において、「赤」はとても大切な意味をもつ色です。そん
赤い色をもつ生き物たちを紹介します。ふだんあまり見ること
ない派手な色づかいに、きっと驚いてしまいますよ。

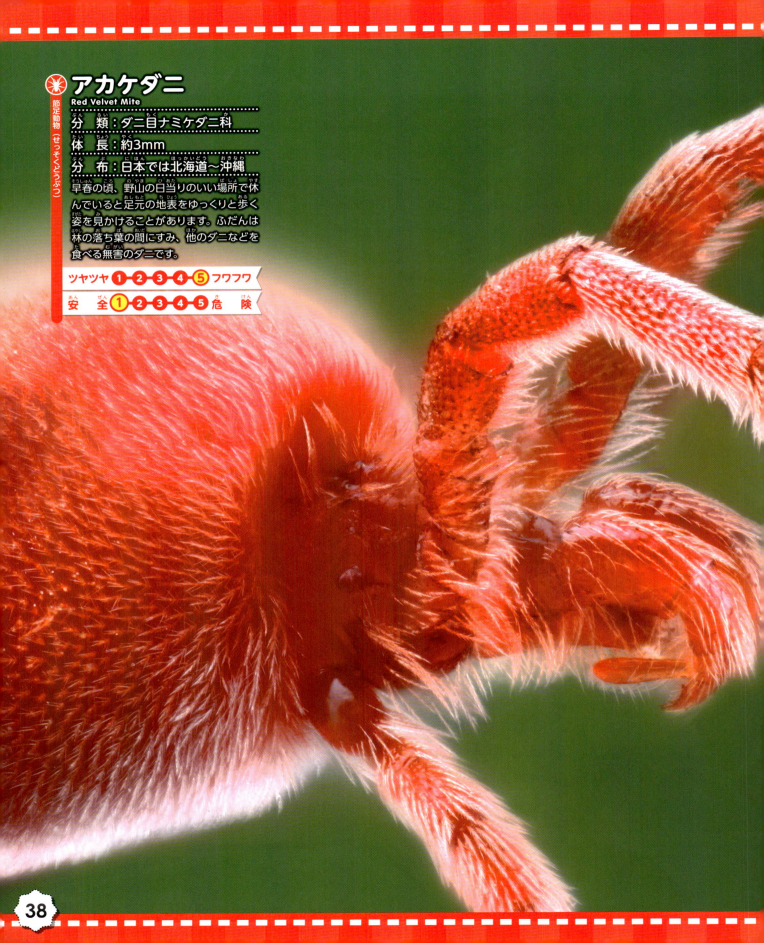

生き物
あかいいきもの
僕たちがこの本のどこかで登場するよ！探してみてね！

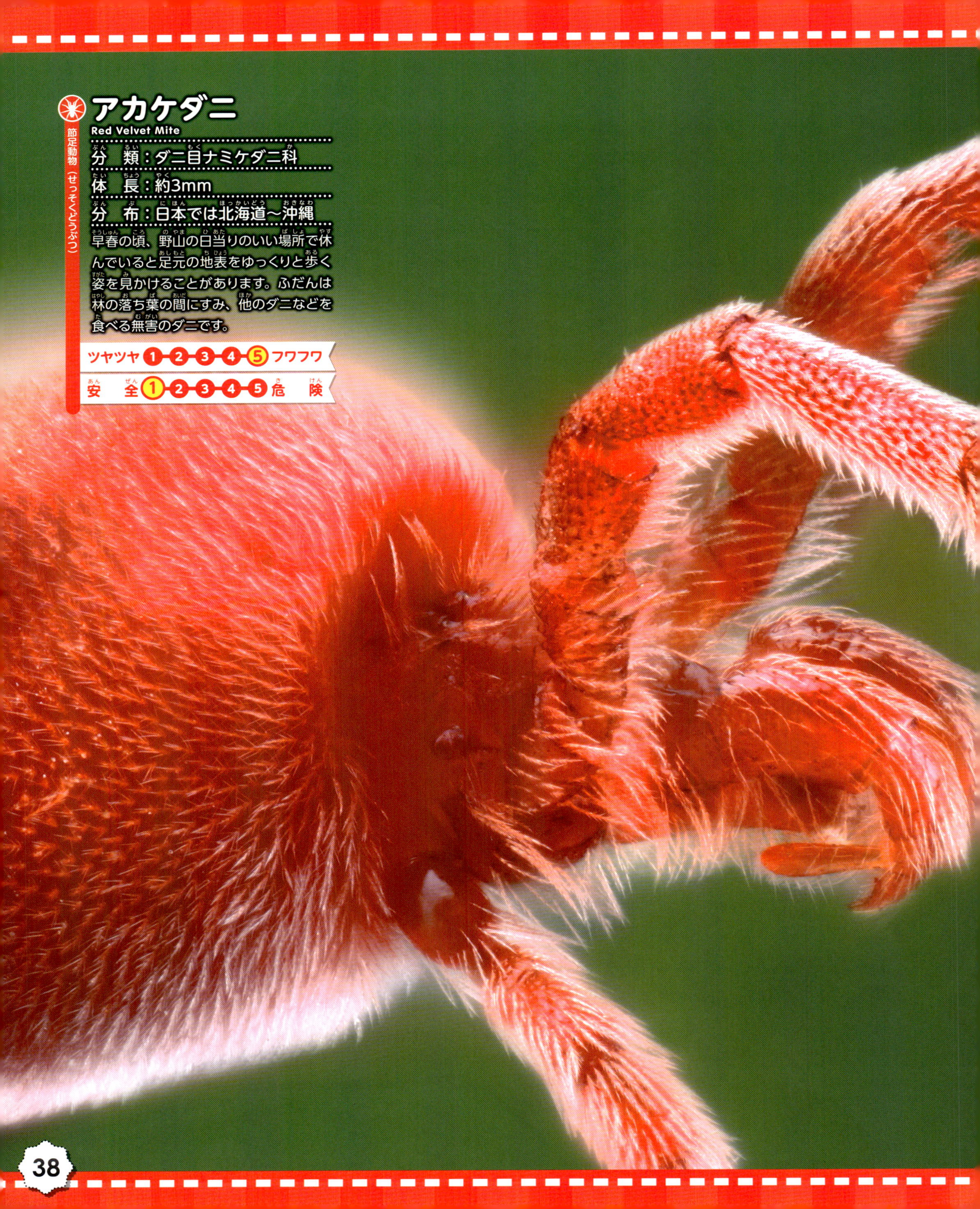

節足動物（せっそくどうぶつ）

# アカケダニ

Red Velvet Mite

分　類：ダニ目ナミケダニ科

体　長：約3mm

分　布：日本では北海道～沖縄

早春の頃、野山の日当りのいい場所で休んでいると足元の地表をゆっくりと歩く姿を見かけることがあります。ふだんは林の落ち葉の間にすみ、他のダニなどを食べる無害のダニです。

ツヤツヤ 1-2-3-4-⑤ フワフワ

安全 ①-2-3-4-5 危険

アカケダニに毒はないけれど、同じ赤いダニで、ツツガムシというダニは人間の皮膚に咬みついて危険な病気をうつすことから「殺人ダニ」とも呼ばれる恐ろしいダニなんだ！

↑体の表面はビロードのような細かい毛でおおわれています。

## ヒヨクドリ

King Bird-of-paradise

鳥類（ちょうるい）

分　類：スズメ目フウチョウ科

全　長：約26cm

分　布：ニューギニア

森林にすみます。メスは地味ですがオスは木の上で胸の飾り羽と尾羽を立てて扇のように広げ、鳴きながら体を震わせて求愛します。かつては飼い鳥として人気がありました。

ツヤツヤ ①-②-③-④-⑤ フワフワ（4）

安　全 ①-②-③-④-⑤ 危　険（1）

両生類（りょうせいるい）

## アカサンショウウオ

Black-chin Red Salamander

分　類：有尾目イモリ亜目アメリカサンショウウオ科

体　長：11〜18cm

分　布：北アメリカ東部

平地や山地の冷たい渓流や湧水の近くにすみます。若いほど赤く、色が猛毒のカリフォルニアイモリに似ており、毒を避ける鳥などに嫌われる利点があると考えられています。

ツヤツヤ 1-**2**-3-4-5 フワフワ

安　全 **1**-2-3-4-5 危　険

昆虫類（こんちゅうるい）

## ハッチョウトンボ

Asian Scarlet Dwarf

分　類：トンボ目トンボ科

体　長：17〜21mm

分　布：東南アジアの熱帯
日本では本州〜九州

日本一小さなトンボで、オスは成長すると赤くなりますが、メスは茶かっ色です。平地から低山の湿地などにすみ、大形のトンボ同様になわばりを作り、小さな昆虫を捕食します。

ツヤツヤ 1-2-**3**-4-5 フワフワ

安　全 **1**-2-3-4-5 危　険

## アカカザリフウチョウ

Raggiana Bird-of-paradise

鳥類（ちょうるい）

分　類：スズメ目フウチョウ科
全　長：約34cm
分　布：ニューギニア東部

森にすみ、メスは赤茶色で、オスは赤い飾り羽をもちます。枝先で求愛ダンスを踊り、頭を下にしてポーズを取ると、飾り羽がふわりと背中にかかり、花が咲いたかのように美しいです。

ツヤツヤ 1-2-3-4-**5** フワフワ

安　全 **1**-2-3-4-5 危　険

## キリンクビナガオトシブミ

Giraffe Weevil

昆虫類（こんちゅうるい）

分　類：コウチュウ目オトシブミ科
全　長：約25mm（オス）
分　布：マダガスカル

オスは首（頭部の後部と前胸部）が長いが、メスは短いです。オス同士はこの首を使って戦い、優劣を決めます。メスは葉に卵を産みつけると、巻いてカプセル状にして、切り落とします。

ツヤツヤ 1-**2**-3-4-5 フワフワ

安　全 **1**-2-3-4-5 危　険

## トウワタバッタ

Common Milkweed Locust

昆虫類（こんちゅうるい）

分　類：バッタ目オンブバッタ科
全　長：60～72mm
分　布：アフリカ南部

メスは成長してもうまく飛べず、赤と黄色の花を咲かせるトウワタの茂みにすみ、それを食べます。この植物の茎の汁は有毒で、その毒を体内にためこんでいます。

ツヤツヤ 1-2-**3**-4-5 フワフワ

安　全 1-**2**-3-4-5 危　険

もっと！知りたい

## トウワタバッタのヒミツに迫る！

### ヒミツ1　お腹から猛毒を噴射！

トウワタバッタは、毒のある植物を食べることによって、体の中に毒をためています。敵におそわれたときに、胸と後ろ足のつけ根の間から、その毒を噴射します。

### ヒミツ2　威嚇のために翅を広げる

トウワタバッタは、翅を広げると、閉じているときには見えない派手な色が表れます。敵におそわれたときにこの色を見せると、相手はびっくりして逃げてしまいます。

↑翅を広げたトウワタバッタのなかま

↑翅を拡大するとこのような模様が見られます。

## ショウジョウトキ

Scarlet Ibis

鳥類（ちょうるい）

**分　類**：ペリカン目トキ科

**全　長**：約1m

**分　布**：南アメリカ北部の大西洋沿岸

海岸の林にすみ、魚やカエルなどを食べます。木の枝の上に集団で巣を作りヒナをかえします。生まれたヒナの羽毛は黒茶色をしていますが大人になると美しい朱色になります。

ツヤツヤ 1-2-3-**4**-5 フワフワ

安　全 **1**-2-3-4-5 危　険

オスもメスも、体の色は同じです。

翼の先が黒くておしゃれ！これは、黒い部分に「メラニン」という色素が集まったからで、同じなかまの印になっているよ。

## オオグンカンドリ

Great Frigatebird

鳥類（ちょうるい）

分　類：カツオドリ目グンカンドリ科

全　長：約1m

分　布：熱帯～亜熱帯の島々

海面を低く飛びながら魚やイカなどをとらえて食べますが、他の海鳥をおそって食べた魚を吐き出させて奪い取ることも。繁殖期のオスは喉をふくらませてメスにアピールします。

ツヤツヤ 1-2-③-4-5 フワフワ

安　全 ①-2-3-4-5 危　険

横から見ると、ふくらんでいるようすがよく分かります。

## アカミノフウチョウ

Wilson's Bird-of-paradise

鳥類（ちょうるい）

分　類：スズメ目フウチョウ科

全　長：約21cm

分　布：ニューギニア西部のワイゲオ島とバタンタ島

森にすみ、果実や小さな昆虫を食べます。メスは茶色で目立ちませんが、オスは背が鮮やかな赤色で、繁殖期には枝の上で体を震わせて鳴くなどしてメスにアピールします。

ツヤツヤ 1-2-3-④-5 フワフワ

安　全 ①-2-3-4-5 危　険

## ムッスラーナ

爬虫類（はちゅうるい）

Mussurana

分　類：有鱗目ナミヘビ科

全　長：2.0〜2.5m

分　布：中部・南部アフリカ

熱帯の森や林にすみ、夜に活動してヘビを食べます。ふだん成体は背が黒っぽいですが、幼体は背が赤く美しい見た目をしています。赤いサンゴヘビなどの猛毒ヘビに似せることで、敵からおそわれないようにしていると考えられています。

ツヤツヤ 1-2-3-4-5 フワフワ

安全 1-2-3-4-5 危険

## ズキンアザラシ

哺乳類（ほにゅうるい）

Hooded Seal

分　類：食肉目アザラシ科

体　長：2〜3m

分　布：北大西洋〜北極海

オスは大形で、他のオスをおどしたり、メスに求愛したりする時は袋のようになった鼻をふくらませます。さらに興奮すると鼻の中の粘膜を風船のようにふくらませ、左右に振ったりします。

ツヤツヤ 1-2-3-4-5 フワフワ

安全 1-2-3-4-5 危険

ズキンアザラシのオスは、求愛やオス同士の争いのときに、鼻の内側の器官を大きくふくらませてアピールします。

魚類（ぎょるい）

# ダンゴウオ

Lumpfishes

分　類：カサゴ目ダンゴウオ科

全　長：約2cm

分　布：関東沿岸～四国、山陰～北九州、朝鮮半島南岸

派手な見た目ですが、すんでいる磯などでは目立たない色であるといわれています。吸盤のような胸びれで海藻につかまったり、小さな尾で泳いだりします。

ツヤツヤ 1-2-3-4-5 フワフワ（2）

安　全 1-2-3-4-5 危　険（1）

ダンゴウオのなかまには、他にもいろんな色をもつものがいるんだって！

ピンクの色をもつ生き物大集合！
世界には、ピンク色の生き物もたくさん存在しています。かわいいものから少し不気味なものまで…日常生活ではあまり見かけることのない、ピンクの生き物たちを紹介します。
ピンク×陸・湖
アホロテトカゲ
ミニブタ
別名ウーパールーパーというんだ。聞いたことあるかな？
メキシコサラマンダー
敵におそわれると毒を噴射するよ！
ショッキングピンクドラゴンヤスデ
ピンク以外にも、緑やオレンジのなかまも！
ヨコナガキリギリスのピンク個体
キタビロードヤモリのピンク個体
ホシバナモグラ

ピンク×空
ベニヘラサギ
見る向きによって、色がかわって見えるんだ。
ベニトンボ
ベニハゴロモ
マメハチドリ
セグロサンショクヒタキ
ピンク×海
スナイロクラゲ
ピンクの体がとても幻想的！
ニュウドウカジカ
筋肉が少ないから陸ではだるだるの姿になってしまうんだ…。
ロイヤルドティーバック

第2章
オレン
私たちがこの本の
どこかで登場するよ！
探してみてね！

# ジの生き物

おれんじのいきもの

体の目立つ部分がオレンジだったり、体がオレンジ一色だったり、オレンジの不思議な模様をしていたり…。不思議なオレンジ色の生き物を紹介します。

鳥類（ちょうるい）

## オウギタイランチョウ

Amazonian Royal Flycatcher

分　類：スズメ目タイランチョウ科

全　長：15～20cm

分　布：南アメリカの熱帯

森にすみ、おもに昆虫を食べます。興奮すると頭の飾り羽を扇のように広げます。この扇はオスは赤く、メスはオレンジ色をしています。

ツヤツヤ 1-2-3-**4**-5 フワフワ

安　全 **1**-2-3-4-5 危　険

体の色は地味だけど、敵をいかくしたりメスに求愛するときは、頭の羽を扇のように広げてアピールするんだ！

昆虫類（こんちゅうるい）

## アカアリバチ

Red Velvet Ant

分　類：ハチ目アリバチ科

体　長：約19mm

分　布：北アメリカ東部

他の昆虫に寄生するハチです。メスには翅がなく地上をすばやく歩きます。メスには毒針があり、刺されると激しく痛みます。

ツヤツヤ 1-2-3-4-5 フワフワ（4）

安　全 1-2-3-4-5 危　険（3）

爬虫類（はちゅうるい）

## ブラウンアノール

Brown Anole

分　類：有鱗目イグアナ科

全　長：17～21cm

分　布：キューバ、バハマ原産
ハワイや台湾などに移入

木の上で昆虫を食べて暮らします。オスはオレンジ色の喉の飾りを広げて、オスに対して誇示します。メスに対してはさらに頭を上下させて求愛します。

ツヤツヤ 1-2-3-4-5 フワフワ（3）

安　全 1-2-3-4-5 危　険（1）

節足動物（せっそくどうぶつ）

## ユビワエビス

Purple Ringed Topsnail

分　類：古腹足目ニシキウズガイ科

殻　高：1.6～3.5cm

分　布：北アメリカの太平洋沿海

水深 50 ～ 100m の岩場にすみ、海藻や岩についた動物などを食べます。派手な見た目ですが、さまざまな色合いの海中では逆に目立ちません。

ツヤツヤ 1-2-3-4-5 フワフワ（3）

安　全 1-2-3-4-5 危　険（1）

## サンフランシスコガータースネーク

San Francisco Garter Snake

爬虫類（はちゅうるい）

分　類：有鱗目ナミヘビ科

全　長：55〜137cm

分　布：カリフォルニア

湿地にすみ、カエルやサンショウウオなどを食べます。オレンジの体色は、生息地では目立たず保護色となっています。湿地の減少で絶滅の恐れがあります。

ツヤツヤ 1-**2**-3-4-5 フワフワ

安　全 1-**2**-3-4-5 危　険

## サンゴパイプヘビ

Coral Cylinder Snakes

爬虫類（はちゅうるい）

分　類：有鱗目サンゴパイプヘビ科

全　長：60〜90cm

分　布：南アメリカ北部〜中部

熱帯雨林の地中に穴を掘ってすみ、夜などに地上に出て小動物や魚を食べます。派手な色合いは猛毒のサンゴヘビへの擬態と考えられ、似たものが生き残ってきた結果だとされています。

ツヤツヤ **1**-2-3-4-5 フワフワ

安　全 1-**2**-3-4-5 危　険

### もっと！知りたい

**ヘビが舌を出しているヒミツ**

ヘビは口の中の上部に、「ヤコブソン器官」と呼ばれる部位をもっていて、舌を出すことで、空気をヤコブソン器官に送り、においを感知していると考えられています。

節足動物（せっそくどうぶつ）

## ハロウィンオカガニ

Halloween Land Crab

分　類：十脚目オカガニ科

甲　幅：約5cm

分　布：中米の太平洋沿岸のマングローブ林や森林

地中にトンネルを掘ってすみ、夜に出て落ち葉などを食べます。色覚があり、甲らの色はなかまを見分けるための標識色だと考えられています。

ツヤツヤ 1 **2** 3 4 5 フワフワ

安　全 **1** 2 3 4 5 危　険

### もっと！知りたい 標識色ってなに？

標識色とは、その種の目印になる色や模様のことです。それらの特徴によって、生き物たちは、お互いを見分けていると考えられています。

軟体動物（なんたいどうぶつ）

## ジュウモンジダコ

Dumbo Octopus

分　類：八腕形目メンダコ科

全　長：8～40cm

分　布：太平洋

オレンジ色の体は、深さ3,000～7,000mの深海では、サメやシャチなどの天敵から目立たない色彩だと考えられています。耳のようなヒレを使ってパタパタと泳ぐこともあります。

ツヤツヤ 1 **2** 3 4 5 フワフワ

安　全 **1** 2 3 4 5 危　険

イソギンチャクは、クマノミの食べ残しを食べているよ。こういう、お互いに助け合う関係を「共生」と言うんだ。

クマノミのなかまは、イソ
ソギンチャクの間に隠れて

魚類（ぎょるい）

## カクレクマノミ

**Ocellaris Clownfish**

分　類：スズキ目スズメダイ科

全　長：約8cm

分　布：西太平洋～インド洋

オレンジ色と白、黒い縁取りのある体は美しく目立ちそうですが、色とりどりのサンゴ礁ではかえって目立ちません。大きな魚などがくるとイソギンチャクの毒のある触手の間に隠れます。

ツヤツヤ 1 **2** 3 4 5 フワフワ

安　全 **1** 2 3 4 5 危　険

に免疫があるので、イ
ります。

## アンデスイワドリ

Andean Cock-of-the-rock

鳥類（ちょうるい）

分　類：スズメ目カザリドリ科

全　長：約30cm

分　布：南アメリカのアンデス山地

オスは明るいオレンジ色ですが、メスはかっ色です。メスに求愛する時、オスの頭の冠羽はくちばしの方にまでふくらみ、メスは派手なオスを相手に選ぶようです。

ツヤツヤ 1-2-3-④-5 フワフワ

安　全 ①-2-3-4-5 危　険

## レッドスラッグ

Red Slug

軟体動物（なんたいどうぶつ）

分　類：マイマイ目
　　　　オオコウラナメクジ科

全　長：7〜14cm

分　布：ヨーロッパ北西部原産

もともとは森にすむナメクジですが、各地に広がっています。オレンジ色は目立ちそうですが、活動時間である夜は目立たないようです。

ツヤツヤ 1-②-3-4-5 フワフワ

安　全 ①-2-3-4-5 危　険

## クダゴンベ

Longnose Hawkfish

魚類（ぎょるい）

分　類：スズキ目ゴンベ科

全　長：約9cm

分　布：太平洋、インド洋の沿岸、日本では相模湾以西～沖縄

岩礁やサンゴ礁にすみ、ウミトサカやサンゴ類につく小さなエビやカニのなかまを吸い込んで食べます。格子模様は体を隠す役割があります。

ツヤツヤ 1-2-3-4-5 フワフワ（2）

安　全 1-2-3-4-5 危　険（1）

## ヒョウモントカゲモドキ

Leopard Gecko

爬虫類（はちゅうるい）

分　類：有鱗目トカゲモドキ科

全　長：18～25cm

分　布：南アジア（インドやパキスタンなど）

野生種は淡い黄茶色の地に黒いヒョウ柄模様があります。それを飼い慣らして増やしたものにはさまざまな体色があり、写真の種はタンジェリンと呼ばれます。

ツヤツヤ 1-2-3-4-5 フワフワ（3）

安　全 1-2-3-4-5 危　険（1）

## サンヨウベニホタル

昆虫類（こんちゅうるい）

Trilobite Beetle

分　類：コウチュウ目ベニボタル科

全　長：0.4〜0.8cm（オス）、
4〜8cm（メス）

分　類：東南アジア

熱帯の森にすみ、地上を歩きまわって小さなコケのようなもの（粘菌類）を食べるといわれています。メスは三葉虫に似た姿をして毒があるかのような警告色をしていますが、毒はもちません。

ツヤツヤ 1-2-3-4-5 フワフワ

安全 1-2-3-4-5 危険

## オオナガトゲグモ

昆虫類（こんちゅうるい）

Curved Spiny Spider

分　類：クモ目コガネグモ科

体　長：約1cm

分　布：南アジア（マレーシア、
ボルネオ、インドなど）

森で網を張ってえものを待ちます。背は硬く2本の長いトゲが生えています。トゲは防御用で、オレンジ色は警告色だと考えられています。

ツヤツヤ 1-2-3-4-5 フワフワ

安全 1-2-3-4-5 危険

顔の横に穴が空いているのが分かるかな？実はあれ、トカゲの耳なんだ！

# 不思議な模様をもつ生き物大集合！

「水玉」や「しましま」といった、オシャレな模様をもつ生き物を紹介します。もちろん生き物たちは自分たちがオシャレだなんて思ってはいませんが、どうしてこのような模様になったか、考えてみるのも面白いですね。

## 水玉の生き物

しましまの生き物
セイブリボンヘビ
イラガのなかま（幼虫）
マダガスカル島とその周辺にしかすんでいないんだ。
ワオキツネザル
アオマダラウミヘビ
オカピ
アカスジカメムシ
ナガコガネグモ
タテジマキンチャクダイ（幼魚）
大人になるとまったくちがう模様になるよ

# 第2章 黄色

体の一部が黄色く目立つもの、全身が黄色のものなど、仰天の生き物たちを紹介します。

## の生き物

きいろのいきもの

## マツゲハブ

爬虫類（はちゅうるい）

**Yellow Eyelash Pit viper**

分　類：有鱗目クサリヘビ科

全　長：55～82cm

分　布：中央アメリカ～南アメリカ北部

熱帯雨林の樹上にすみ、夜に活動してネズミや小鳥などを食べます。個体によってオレンジ、赤、茶、緑などの体色をしていて、どれもえものの待ち伏せに適しているようです。

ツヤツヤ ①-2-3-4-5 フワフワ

安　全 1-2-3-4-⑤ 危　険

目の上に「まつげ」のような突起があります。



## キエリクロボタンインコ

鳥類（ちょうるい）

**Masked Lovebird**

分　類：オウム目インコ科

全　長：約14.5cm

分　布：東アフリカ

木が多いサバンナにすみ、近くに水場あるところを好みます。4～5羽ずつ小さなグループに分かれてアカシアの子などを食べます。

ツヤツヤ 1-2-3-④-5 フワフワ

安　全 ①-2-3-4-5 危　険

## ファイア サラマンダー

両生類（りょうせいるい）

Fire Salamander

分　類：有尾目イモリ科

全　長：15〜30cm

分　布：ヨーロッパ

森の中の落ち葉の下や倒木の下などにすみ、ミミズや昆虫を食べます。黄と黒の目立つ体は、警告色の役割を果たしています。

ツヤツヤ 1-2-3-4-5 フワフワ

安　全 1-2-3-4-5 危　険

## キンケイ

鳥類（ちょうるい）

Golden Pheasant

分　類：キジ目キジ科

全　長：90～105cm（オス）、
50～70cm（メス）

分　類：中国西部

山地の森林にすみます。オスは派手ですが、山中では茂みに紛れて目立ちません。オスの色彩は、繁殖期にメスにアピールするのに役立ちます。

ツヤツヤ 1-2-3-**4**-5 フワフワ

安　全 1-**2**-2-4-5 危　険

⬆後ろから見ると、さまざまな色のをもっていることが分かります。



## ハナカニグモ

節足動物（せっそくどうぶつ）

Flower Mimicking Crab Spider

分　類：クモ目カニグモ科

体　長：1.5～3.0cm

分　布：南アメリカ

熱帯雨林にすみ、花とまちがえて近づいてきた昆虫を食べます。黄色い体は紫外線を反射し、昆虫には木の葉の上に花が咲いているように見えるようです。

ツヤツヤ 1-2-**3**-4-5 フワフワ

安　全 **1**-2-3-4-5 危　険

## ゴールデンラングール

哺乳類（ほにゅうるい）

Gee's Golden Langur

分　類：霊長目オナガザル科

全　長：120〜166cm

分　布：インドのアッサム地方

熱帯の森にすみ、イチジクなどの果実や草や葉を食べる。金色の体はなかまの目印になっていると考えられています。

ツヤツヤ 1-2-3-4-5 フワフワ

安　全 1-2-3-4-5 危　険

ラングールのなかまのダスキールトンは、赤ちゃんのころ全身が鮮やかな黄色です。

## カニトゲグモ

節足動物（せっそくどうぶつ）

Crablike Spiny Orb Weaver

分　類：クモ目コガネグモ科

体　長：0.5〜0.9cm

分　布：南北アメリカ、オーストラリア、南アフリカ

森で網を張ってえものを待ちます。背は硬く、ふちに6本の角状の突起があります。角は防御用で、黄色の体は捕食者に食べると痛い目にあうことを伝えていると考えられています。

ツヤツヤ 1-2-3-4-5 フワフワ

安　全 1-2-3-4-5 危　険

## バナナナメクジ

軟体動物（なんたいどうぶつ）

Banana Slug

分　類：マイマイ目
　　　　オオコウラナメクジ科

全　長：約25cm

分　布：北アメリカ

湿った森にすみ、落ち葉や動物の糞などを食べます。黄色い体は森の中では意外と目立ちませんが、敵におそわれると、体から粘液を出して抵抗します。

ツヤツヤ 1-**2**-3-4-5 フワフワ

安　全 **1**-2-3-4-5 危　険

## ヘラクレスオオカブト

昆虫類（こんちゅうるい）

Hercules Beetle

分　類：コウチュウ目コガネムシ科

全　長：約18cm

分　布：中央アメリカ～南アメリカ

熱帯の森林にすみ、樹液や果実の汁をなめます。長い角はオスだけで、背面の黄色は比較的乾いた場所で育つと色が鮮やかになり、黒い斑点が生じるといわれています。

ツヤツヤ **1**-2-3-4-5 フワフワ

安　全 **1**-2-3-4-5 危　険

## ニシコウライウグイス

鳥類（ちょうるい）

Golden Oriole

分　類：スズメ目コウライウグイス科

全　長：20～25cm

分　布：ヨーロッパ～中央アジア（夏）、
　　　　アフリカ（冬）

森や明るい林にすみ、果物を好みます。メスはオスほど黄色が濃くなく、背は黄緑色で腹は白い色をしています。冬になるとアフリカに渡ります。

ツヤツヤ 1-2-3-**4**-5 フワフワ

安　全 **1**-2-3-4-5 危　険

鳥類（ちょうるい）

## コガネメキシコインコ

**Sun Parakeet**

分　類：インコ目クサビオインコ科

全　長：約30cm

分　布：南アメリカ北東部

サバンナの林や森林に群れですみ、果物、花、種子などを食べます。群れが飛びまわると森に花が咲いたように美しいですが、見た目の美しさのためにむやみに捕獲され、絶滅の恐れがあります。

ツヤツヤ 1-2-3-4-5 フワフワ

安全 1-2-3-4-5 危険

風がわりな頭部とは対照的に、体は地味な見た目をしています。

## トサカコケギンポ

Roughhead Blenny

魚類（ぎょるい）

分　類：スズキ目コケギンポ科

全　長：1.9〜2.1cm

分　布：中央アメリカのカリブ海沿岸

サンゴ礁の海にすみ、サンゴや岩の間から顔を出し、近づいてくる小さなエビやカニなどを食べます。頭にある飾りは「皮弁」と呼ばれ、カモフラージュに役立っているようです。

ツヤツヤ 1-2-3-4-5 フワフワ（2）

安全 1-2-3-4-5 危険（1）

まん丸の目と頭のトゲが個性的！　黄色以外にも、赤い個体もいるんだって！

節足動物（せっそくどうぶつ）

## フタヅノアルパイダ

Two-horned Alpaida Spider

分　類：クモ目コガネクモ科

体　長：5.5〜8.0mm

分　布：中央アメリカ

亜熱帯の森にすみ、網を張ってえものを待ちます。メスは葉の裏に卵が入った卵のうをつけて守ります。派手な色や模様が、カモフラージュの役割を果たしているようです。

ツヤツヤ 1 2 3 4 5 フワフワ

安　全 1 2 3 4 5 危　険

爬虫類（はちゅうるい）

## ミドリニシキヘビ

Green Tree Python

分　類：有鱗目ニシキヘビ科

全　長：約2.2m

分　布：オーストラリア、ニューギニア

熱帯の森にすみ、木の上で独特な形のとぐろを巻きます。子どものころは黄色や赤みを帯びていますが成長すると全身緑色になります。黄色い体は花と紛らわしく、敵から見つかりにくいと考えられています。

ツヤツヤ 1 2 3 4 5 フワフワ

安　全 1 2 3 4 5 危　険

鳥類（ちょうるい）

## オウゴンアメリカムシクイ

**Prothonotary Warbler**

分　類：スズメ目アメリカムシクイ科
全　長：約13cm
分　布：北アメリカ（夏）、中央・南アメリカ（冬）

キツツキの古巣や小さな樹洞を巣にして、小さな虫を食べます。このなかまのオスはとてもカラフルで、それぞれ異なる色や模様をもちます。

ツヤツヤ 1-2-3-**4**-5 フワフワ
安全 **1**-2-3-4-5 危険

節足動物（せっそくどうぶつ）

## アカシマシラヒゲエビ

**Pacific Cleaner Shrimp**

分　類：十脚目モエビ科
全　長：4～6cm
分　布：インド洋～太平洋

ふだんは岩穴などにすんでいますが、大きなウツボやハタなどの体や口中の食べかすや、寄生虫を食べてきれいにします。目立つ白と赤の模様は、掃除魚だと知らせるのに役立っています。

ツヤツヤ 1-**2**-3-4-5 フワフワ
安全 **1**-2-3-4-5 危険

↑魚の体の表面をはって、食べかすや寄生虫を食べます。

とてもカッコいいけど、強い毒をもっているんだ！

S 爬虫類（はちゅうるい）

## ヘアリーブッシュバイパー

**Rough-scaled Bush Viper**

分　類：有鱗目クサリヘビ科

全　長：50～75cm

分　布：中部アフリカ

森ややぶ地にすみ、樹上生で、小鳥やネズミなどを食べます。ザラザラした鱗は、ススキのような草の上を移動するときにあちこちに引っかかるので、体重を分散するのに役立ちます。

ツヤツヤ 1-2-**3**-4-5 フワフワ

安　全 1-2-3-**4**-5 危　険

# 不思議な色をもつチョウとイモムシ大集合!

チョウや、その幼虫のイモムシは、世界中に約1万5千種以上いるといわれています。なかでも、青く輝く翅をもつ「モルフォチョウ」のなかまは、“世界一美しいチョウ”と呼ばれ、まるで宝石のような見た目をしています。そんな美しいチョウや、不思議な色をもつイモムシを紹介します。

## チョウ×青

**翅の裏側は地味!**

とても美しい翅をもつモルフォチョウのなかまですが、翅の裏側は、地味な色をしているのです。

チョウ×その他の色
セジロアケボノアゲハ
真っ赤な体が珍しいでしょ♪
黄金のサナギがいる!?
オオゴマダラのサナギは黄金に輝いて見えますが、実はサナギの内部に黄色の体液が満ちているため、このように見えるといわれています。
ハマドリアスタテハ
トリバネアゲハ
アオスジアゲハ
アカホシイナズマ
マエモンジャコウアゲハ
トリバネアゲハ

# イモムシ×ふわふわ

カレフェリスシジミタテハチョウ（幼虫）
ざんしんなヘアカット!?
ヨーロッパリンゴドクガ（幼虫）
リンゴなどのバラ科の樹で見かけることが多いよ！
タチュランハ（幼虫）
ケンモンヤガ（幼虫）
そっくり!?ヘビに擬態するイモムシ
スズメガのなかまは、危険がせまるとヘビの頭のまねをして、敵をいかくする種がいます。
サビイロドクガ（幼虫）
リンゴドクガ（幼虫）
サザンフランネルモス（幼虫）

イモムシ×トゲトゲ
イラガのなかま（幼虫）
モクメシャチホコ（幼虫）
いかくするときは「シャチホコ」のように体を反らすよ。
オーストラリアカップイラガ（幼虫）
ヤママユガのなかま（幼虫）
どアップだと迫力満点!?「悪魔」という別名も！
エクアドルヤママユガのなかま（幼虫）
エクアドルヤママユガのなかま（幼虫）
ヘラクレスモルフォ（幼虫）
メダマヤママユガのなかま（幼虫）
キモントラフヤママユ

私たちがこの本の
どこかで登場します！
探してみてくださいね！

# 第2章 緑の

緑の生き物は、みなさんの身のまわりでもたくさん見ること
ができるでしょう。しかし世界には、想像もつかないほど美
しかったり、奇妙な形をもつ緑の生き物がたくさんいます。

生き物
みどりのいきもの

鳥類（ちょうるい）

## ケツァール
### （カザリキヌバネドリ）

Resplendent Quetzal

分　類：キヌバネドリ目
　　　　キヌバネドリ科

体　長：36〜40cm

分　布：中央アメリカ

山地の熱帯林にすみ、アボガドなどの果実などを食べます。繁殖期になるとオスの尾羽は長く伸び、メスにアピールします。オスの尾羽は約65cmほどに伸びるようです。

ツヤツヤ 1-2-3-**4**-5 フワフワ

安　全 **1**-2-3-4-5 危　険

もっと！知りたい

## ケツァールのヒミツに迫る！

ヒミツ1

### 美しい尾をもつのはオスだけ

鳥のなかまには、オスの方がメスより派手な見た目をしている種が多くいます。ケツァールもその一種で、美しく長い尾はオス特有のものです。オスは派手なものがメスに選ばれた結果、どんどん派手になっていきました。一方、メスの役割は巣で卵を温めるなど地味な方が都合が良いことが多いため、このようなちがいが生まれたと考えられています。

ヒミツ2

### 「通貨」もケツァール!?

かつてケツァールが数多く生息していたグアテマラでは、通貨の単位が「ケツァール」とされています。日本では「円」と呼ばれているものが鳥の名前になっているなんて、面白いですね。ケツァールはグアテマラの国鳥でもあります。



グアテマラの紙幣にはケツァールのイラストが描かれています。

緑の長い尾がとっても美しいケツァール。その美しさは世界でも一位、二位を争うほど！



ケツァールの腹部は美しい赤色をしています。

## ヘリスジヤシハブ

爬虫類（はちゅうるい）

Side-striped Palm-pitviper

分　類：有鱗目クサリヘビ科
全　長：約99cm
分　布：中央アメリカ

山沿いの熱帯林にすみます。緑色の体
森ではまったく目立ちません。とても
い毒をもちますが、血清が作られてい
ため死者はまれです。

ツヤツヤ 1-2-**3**-4-5 フワフワ
安　全 1-2-3-**4**-5 危　険

## ニシアンデス エメラルドハチドリ

鳥類（ちょうるい）

Western Emerald Hummingbird

分　類：アマツバメ目ハチドリ科
全　長：7〜9cm
分　布：南アメリカ北西部（アンデス山脈西側）

標高 1,000 〜 2,600 m にかけての山地のサバンナや耕作地の周辺にすみます。花の蜜を吸うほか、小さな昆虫なども食べます。金属光沢のあるエメラルド色が美しい鳥です。

ツヤツヤ 1-**2**-3-4-5 フワフワ
安　全 **1**-2-3-4-5 危　険

## テングビワハゴロモ

Lantern Bug

昆虫類（こんちゅうるい）

分　類：半翅目ビワハゴロモ科

全　長：4～5cm

分　布：東南アジア

熱帯林にすみ、木の上で生活しています。長い突起の中は空洞で、この先から果実や木の汁を吸います。緑色が目立つ上翅は、カモフラージュに役立っているようです。

ツヤツヤ 1-2-**3**-4-5 フワフワ

安　全 **1**-2-3-4-5 危　険

↑ビワハゴロモのなかまのユカタンビワハゴロモは、ワニのような顔をもっています。

↑ユカタンビワハゴロモは、翅を開くと目玉のような模様が表れます。この模様で敵をびっくりさせると考えられています。

顔の先に長い突起をもつことから、「テング」の名前がつけられたといわれているよ。

## ツノゼミ

**Thorn Bug**

昆虫類（こんちゅうるい）

分　類：カメムシ目ツノゼミ科

全　長：約1cm

分　布：北アメリカ南部

植物の茎や樹の幹などの樹液を吸うと糖分と水分が排泄され、アリはこれを食物とし、ツノゼミを天敵から守ります。ツノゼミのなかまは植物の棘に似ており、自然の中で目立たないと考えられています。

ツヤツヤ 1-(2)-3-4-5 フワフワ

安　全 (1)-2-3-4-5 危　険

ツノゼミ コレクション

謎に包まれたツノゼミたち。なんでこんな見た目になったのか想像してみるのも面白いね。

もっと！知りたい

## ツノゼミのヒミツに迫る！

ヒミツ1

### まるで宇宙人!?　不思議なヘルメット

ツノゼミのなかまは世界で約3,200種確認されており、その多くが、とても奇妙な形をした「ヘルメット」と呼ばれる構造をもっています。なぜこのような形に進化したのか、詳しいことはまだ分かっていません。

こんな不思議な形をしたヘルメットをもつツノゼミもいます。

## ラケットハチドリ

鳥類（ちょうるい）

Booted Racket-tail Hummingbird

分　類：アマツバメ目ハチドリ科

全　長：11〜15cm（オス）、7〜9cm（メス）

分　布：南アメリカ西部

熱帯の森にすみ、花から花へと蜜を求めて飛びまわります。オスにだけある尾の飾り羽はメスへのアピールに役立ちます。

ツヤツヤ 1-2-3-**4**-5 フワフワ

安全 **1**-2-3-4-5 危険

## ニセハナマオウカマキリ

昆虫類（こんちゅうるい）

Devils Flower Mantis

分　類：カマキリ目ハナカマキリ科

体　長：10〜13cm

分　布：東アフリカ

サバンナの茂みにすむ、植物に擬態したカマキリで、体は緑色のほか赤、白、青、紫、黒などの色の模様があります。近寄ってくる昆虫を捕食し、また奇妙な格好をして天敵をいかくします。

ツヤツヤ 1-2-**3**-4-5 フワフワ

安全 **1**-2-3-4-5 危険

鳥類（ちょうるい）

## アカガシラエボシドリ

Red-crested Turaco

分　類：エボシドリ目
　　　　エボシドリ科

全　長：約40cm

分　布：アフリカ南西部（アンゴラ）

熱帯の森にペアか40羽くらいまでの群れですみ、イチジクなどの果実を食べます。鳴き声がサルに似ているといわれています。

ツヤツヤ 1-2-3-**4**-5 フワフワ

安　全 **1**-2-3-4-5 危　険

鳥類（ちょうるい）

## タイワンゴシキドリ

Muller's Barbet

分　類：キツツキ目
　　　　オオゴシキドリ科

全　長：約20cm

分　布：台湾

森や林、河原などにすみ、木のうろに巣を作り子育てをします。にぎやかな色彩をしていますが、深い森では葉の緑に溶け込んで目立たないようです。

ツヤツヤ 1-2-3-**4**-5 フワフワ

安　全 **1**-2-3-4-5 危　険

# 不思議な色をもつカエル大集合!

カエルは世界中に約 4,800 種類おり、個性的な体の色や模様をもつ種もたくさんいます。なかでもヤドクガエルのなかまは、とても強力な毒とカラフルな体色をもち、強い毒をもっていることをまわりにアピールしていると考えられています。

## 青のカエル

赤のカエル
ミイロヤドクガエル
オスは鳥のような声で鳴くこともできるんだ！
アカトマトガエル
アカハラアマガエル
イチゴヤドクガエル
ファッションのポイントはジーンズをはいたような手足！
イチゴヤドクガエル
イチゴヤドクガエル
同じイチゴヤドクガエルでも、個体によって色や模様がかわるよ！
イチゴヤドクガエル
イボアシフキヤガマ

# 黄のカエル

カワリオドケアマガエル
自慢は、このピンク色のキュートなお腹！
イボアシフキヤガマ
キオビヤドクガエル
ベルツノガエル
ヤドクガエルのなかでも最強の毒をもっているんだ！
ハナトガリガエル
ハイユウヤドクガエル
コロボリーヒキガエルモドキ
モウドクフキヤガエル
パナマゴールデンフロッグ

色々な色のカエル
インドバルーンガエル
アカメアマガエル
芸術的な配色センスが光ってる!?
マダガスカルクサガエル
ハイレグアデガエル
アカボシユビナガガエル
アマゾンツノガエル
アカメアマガエル
ガラスフロッグ
イエアメガエル
内臓が丸見え。心臓の動きまで見えちゃうよ!

# 第2章 青い

意外かもしれませんが、自然界に青い生き物は数多くいるようです。なかでも、鳥類は美しい青い羽をもつなかまがたくさんいます。ほんの一部ですが、青い生き物を紹介します。

生き物
あおいいきもの
オレたちがこの本の
どこかで登場するから
探してくれよな！

## カワセミ
Common Kingfisher

鳥類（ちょうるい）

分　類：ブッポウソウ目カワセミ科
全　長：約17cm
分　布：ユーラシア大陸中〜北部
　　　　日本では北海道から沖縄

河川や湖沼近くにすみ、「ツィー」と鳴いて川面を飛びます。背面は、光の当たり方で青から青緑色に変化します。腹側はオレンジ色で、えものである小魚からは見えにくくなっていると考えられています。

ツヤツヤ 1-(2)-3-4-5 フワフワ
安　全 (1)-2-3-4-5 危　険

長いくちばしは、川や池の魚をとるのに適しているよ。その美しさから「飛ぶ宝石」とも呼ばれているんだ。

## ライラックニシブッポウソウ

鳥類（ちょうるい）

Lilac-breasted Roller

分　類：ブッポウソウ目ブッポウソウ科

全　長：36〜38cm

分　布：アラビア半島からアフリカ

アカシアがはえるサバンナにすみ、単独かペアで昆虫などを食べて暮らしています。体色はオス・メスでほとんど差がなく、種の印（標識色）となっています。

ツヤツヤ 1-2-3-(4)-5 フワフワ

安　全 (1)-2-3-4-5 危　険

## ベニジュケイ

鳥類（ちょうるい）

Temminck's Tragopan

分　類：キジ目キジ科

全　長：約64cm

分　布：中国南西部〜ベトナム

山の森にすみ、地上を歩きながら木の葉や草、種子や果実などの植物や昆虫を食べます。繁殖期になるとオスは赤と青の混じった「肉垂れ」を広げてメスにアピールします。

ツヤツヤ 1-2-3-(4)-5 フワフワ

安　全 (1)-2-3-4-5 危　険

↑繁殖期になると、オスは頭部の「肉角質」という皮膚を伸ばし、メスに求愛します。写真は、繁殖期ではないオスです。

# ニジキジ

Himalayan Monal

鳥類（ちょうるい）

分類：キジ目キジ科

全長：60〜70cm

分布：南アジア（インド、ネパール、チベット）

高山帯に単独かペアですみ、草の実や昆虫などを食べます。メスは地味ですが、オスは金属光沢のある青や紫の羽毛をもち、繁殖期には翼や尾を広げてメスにアピールします。

ツヤツヤ 1 2 3 4 5 フワフワ

安全 1 2 3 4 5 危険

太陽の光を浴びると虹のように輝いて見える美しい鳥！ 頭の羽があるのはオスだけだよ。

爬虫類（はちゅうるい）

## レッドヘッドロックアガマ

Red-headed Rock Agama

分　類：有鱗目アガマ科
全　長：15～30cm
分　布：アフリカ（サハラ砂漠以南）

サバンナや荒地にすみ、昆虫などの小動物を食べます。ふだんは、オス・メスとも茶色っぽい色ですが、繁殖期になると、オスは青が目立つ派手な色になり、メスにアピールします。

ツヤツヤ 1-2-**3**-4-5 フワフワ
安　全 **1**-2-3-4-5 危　険

節足動物（せっそくどうぶつ）

## フロリダブルーザリガニ

Blue Crayfish

分　類：十脚目アメリカザリガニ科
全　長：約18cm
分　布：北アメリカ

川や沼などにすみ、小動物や魚、水草などを食べます。野生では淡い茶～青色ですが、水族館などでは青いもの同士の子どもを育て、コバルトブルーのものを展示していることもあります。

ツヤツヤ 1-2-**3**-4-5 フワフワ
安　全 1-**2**-3-4-5 危　険

鳥類（ちょうるい）

## アオアシカツオドリ

Blue-footed Booby

分　類：カツオドリ目カツオドリ科

全　長：76～84cm

分　布：アメリカ大陸太平洋沿岸（メキシコ～ペルー）

島にすみ、海中をダイビングして魚をとらえます。オス・メスともに足が青く、繁殖時はオスがメスの上を飛んだり、そばに降りて足を交互に持ち上げるタップダンスを踊ります。

ツヤツヤ 1-2-3-4-5 フワフワ

安　全 1-2-3-4-5 危　険

昆虫類（こんちゅうるい）

## ハーレクインキンカメムシ（幼体）

Cotton Harlequin Bug

分　類：カメムシ目キンカメムシ科

体　長：約2cm

分　布：オーストラリア、ニューギニア

森や畑にすみ、ハイビスカスなどの植物の汁を吸います。冬の暖かな日には樹皮の下に集まり、樹液を吸うことも。成虫はオレンジ色ですが、幼体は青い金属光沢があり、保護色だと考えられています。

ツヤツヤ 1-2-3-4-5 フワフワ

安　全 1-2-3-4-5 危　険

英語では、道化師の意味をもつ「ハーレクイン」という名前がつけられています。

鳥類（ちょうるい）

## ビクトリアカンムリバト

Victoria Crowned Pigeon

分　類：ハト目ハト科

全　長：約66cm

分　布：ニューギニア

深い森林にすみ、地上を歩きながら果実や種子を食べますが、危険を察知すると飛んで逃げます。オス・メスともに美しい冠羽があり、これは暗い森林でのなかま同士の目印になっています。

ツヤツヤ 1-2-3-4-5 フワフワ（4）

安　全 1-2-3-4-5 危　険（1）

美しい見た目と、あまり遠くへは飛べないせいで、人間に捕獲されて数が減っているんだ。現在では保護されているよ。

↑ハトのなかまのなかでは、世界でも最大の大きさです。

節足動物（せっそくどうぶつ）

## ピーコックスパイダー

Peacock Spider

分　類：クモ目ハエトリグモ科

体　長：約5mm

分　布：オーストラリア南西部

海岸近くの茂みにすみ、網を張らずに、あちこちと歩きまわって小さな生き物を目で見つけてとらえます。オスは腹の背中側に美しい人面模様をもち、これを振ってメスにアピールします。

ツヤツヤ 1-2-3-4-5 フワフワ

安　全 1-2-3-4-5 危　険

クモのなかまは８つの目をもっています。人間のように動かすことはできず見える範囲も狭いですが、人間よりもよく見えていると考えられています。

鳥類（ちょうるい）

## アメリカムラサキバン

Purple Gallinule

分　類：ツル目クイナ科

全　長：26～37cm

分　布：北アメリカ南部～中央アメリカ、南アメリカ中部

川辺や湿地にすみ、水生昆虫、カエル、植物の種子などを食べます。オス、メスともに紫～青色などの金属光沢があり、くちばしあたりの鮮やかな赤色は、この種の印（標識色）となっています。

ツヤツヤ 1-2-3-4-5 フワフワ

安　全 1-2-3-4-5 危　険

黄色い肢とくちばしが特ちょう的です。

## アオミミハチドリ
Sparkling Violetear Hummingbird

鳥類（ちょうるい）

分　類：アマツバメ目ハチドリ科

全　長：約8cm

分　布：南アメリカ

熱帯の森にすみ、花の蜜を吸います。花のまわりになわばりを作り、他のハチドリを追い払います。体の色は色素によるものではなく構造色で、目の下の青い模様でなかまを見分けています

ツヤツヤ 1-2-3-4-5 フワフワ

安　全 1-2-3-4-5 危　険

### もっと！知りたい　ハチドリのヒミツ

ハチドリのなかまは鳥類のなかでもっとも体が小さい種です。1秒間に約55回の速さではばたき、飛んだ状態で空中に静止することができます。

ハチドリのなかまの卵とヒナ。とても小さいことが分かりますね。

## アオヒトデ
Blue Sea Star

その他（そのた）

分　類：アカヒトデ目ホウキボシ科

腕　長：10～20cm

分　布：インド洋、太平洋、日本では紀伊半島以西

暖かい海にすみ、サンゴ礁の上などでよく見られます。5本腕の中心部の腹側に口があり、ここから貝や死んだ魚などを食べます。鮮やかな青色は、サンゴ礁ではまったく目立たないようです。

ツヤツヤ 1-2-3-4-5 フワフワ

安　全 1-2-3-4-5 危　険

鳥類（ちょうるい）

## ヒクイドリ

Southern Cassowary

分　類：ヒクイドリ目ヒクイドリ科
全　長：約190cm
分　布：オーストラリア、ニューギニア

深い森にすみ、歩きまわって落ちている果実や小動物を食べます。体は大きいですが、翼は小さく、飛ぶことはできません。赤い肉垂れは、オス・メスともにあります。

ツヤツヤ 1-2-3-**4**-5 フワフワ

安全 1-2-**3**-4-5 危険

危険を感じると攻撃的になり、世界一危険な鳥として、ギネスブックに認められた時期もあったほど！

↑時速50kmで走ることができます。

↑ヒクイドリの卵は、きれいな緑色をしています。オスが40日以上も温め、ヒナをかえします。

昆虫類（こんちゅうるい）

## スチールブルーテントウ

Steel Blue Ladybird

分　類：コウチュウ目テントウムシ科

体　長：3～4mm

分　布：オーストラリア

森や林にすみ、カイガラムシや他の昆虫の卵などを食べます。多くのテントウムシは赤色や黄色の警告色をもちますが、この青色は保護色だとも考えられています。

ツヤツヤ ①-②-③-④-⑤ フワフワ（1）

安　全 ①-②-③-④-⑤ 危　険（1）

節足動物（せっそくどうぶつ）

## グーティータランチュラ

Gooty Sapphire Ornamental

分　類：クモ目オオツチグモ科

全　長：15～20cm(脚を広げた長さ)

分　布：インド中南部

森の中の木の樹洞などに隠れ、網を張って飛んでくる昆虫などをとらえます。体の色は暗いところで姿を見えにくくする効果があります。強い毒をもっていますが、人が死んだ記録はありません。

ツヤツヤ ①-②-③-④-⑤ フワフワ（4）

安　全 ①-②-③-④-⑤ 危　険（4）

# 不思議な色をもつウミウシ大集合！

ウミウシは貝殻をもたない巻貝の一種で、ウシのような角をもっている種がいることからこの名前がつけられたといわれています。そんなユニークなウミウシを、たくさんの突起をもつ「トゲトゲ」と、二次えらという花のようなヒラヒラした部位をもつ「ヒラヒラ」にわけて紹介します。

## ウミウシ×トゲトゲ

ウミウシ
×
ヒラヒラ
ニシキウミウシ
パンダみたいでかわいい!?
アカフチリュウグウウミウシ
ブチウミウシ
イロガワリネオンウミウシ
きれいな見た目だけど毒をもつなかまもいるんだよ!
シンデレラウミウシ
ボブサンウミウシ
セトリュウグウウミウシ
オトヒメウミウシ

# 第2章 虹色

今まで色に分けて生き物を紹介し
きましたが、ここでは色に分類でき
い、ひとつの体にたくさんの色をも
「虹色の生き物」を紹介します。

の生き物
にじいろのいきもの

錐体細胞が12種類もあって、複雑な目をしているんだ！

## モンハナシャコ

Peacock Mantis Shrimp

節足動物（せっそくどうぶつ）

分　類：シャコ目ハナシャコ科

体　長：約15cm

分　布：インド洋～西太平洋、日本では相模湾以西

浅い海の底に穴を掘ってすみ、ハンマのような脚（捕脚）で貝などを叩き割て食べます。脚を打ち出す速度は時80kmにもなるといわれています。

ツヤツヤ 1 2 3 4 5 フワフワ

安　全 1 2 3 4 5 危　険

シャコのなかまは「捕脚」というえものをとらえるための脚をもちますが、モンハナシャコの捕脚は太く、アサリなどの貝殻も割ってしまうほどです。

## ゴシキセイガイインコ

Rainbow Lorikeet

鳥類（ちょうるい）

分　類：オウム目オウム科

全　長：25〜30cm

分　布：東南アジア南部〜
　　　　オーストラリア

熱帯の森や温帯の林に 10 羽ほどの群れですみ、花の蜜や花粉を食べます。虹色の体は目立つようだが、花が咲いている森や林ではかえって目立たず、なかま同士の印（標識色）にもなっています。

ツヤツヤ 1-2-3-4-5 フワフワ

安　全 1-2-3-4-5 危　険

## ニシキテグリ

Mandarinfish

魚類（ぎょるい）

分　類：スズキ目ネズッポ科

全　長：5.0〜7.5cm

分　布：太平洋東部、
　　　　日本では南西諸島

サンゴ礁にすみ、海底近くで小さなエビやカニ、ゴカイ類などを食べています。青色の体は、細胞にある青色色素胞によるものとされ、珍しいです。

ツヤツヤ 1-2-3-4-5 フワフワ

安　全 1-2-3-4-5 危　険

ニシキテグリは漢字で「錦手繰」と書きます。「錦」は、鮮やかな体の色を表しています。

魚類（ぎょるい）

## ベタ

Siamese fighting fish

分　類：スズキ目オスフロネムス科

全　長：約7cm

分　布：東南アジア（メコン川流域）

川や水田などにすみ、昆虫の幼虫などを食べます。オスは縄張りをもち、他の個体をいかくしたり攻撃したりします。「闘魚」として飼われ、さまざまな色や形の品種があります。

ツヤツヤ 1-2-3-4-5 フワフワ

安　全 1-2-3-4-5 危　険

改良品種のもととなった原種のスプレンデンスという種です。

ベタのなかまは、品種改良を繰り返されて色とりどりの体の色をもつようになったんだ。

## イロマジリゴシキドリ

Versicolored Barbet

鳥類（ちょうるい）

分　類：キツツキ目ゴシキドリ科

全　長：約16cm

分　布：南アメリカのアンデス東麓

熱帯の森にすみ、果実や種子を食べます。オスにくらべ、メスは少し地味です。オスの赤色は7～12月にかけての繁殖期にメスを引きつけるのに役立ちます。

ツヤツヤ 1-2-3-④-5 フワフワ

安　全 ①-2-3-4-5 危　険

## アカコブサイチョウ

Knobbed Hornbill

鳥類（ちょうるい）

分　類：サイチョウ目サイチョウ科

全　長：75～80cm

分　布：東南アジア

熱帯の森にすみ、イチジクの実が好物です。体が大きく、大きな音を立てて飛びます。ひたいのでっぱりが赤茶色なのがオスです。

ツヤツヤ 1-2-3-④-5 フワフワ

安　全 ①-2-3-4-5 危　険

## ギンケイ

Lady Amherst's Pheasant

鳥類（ちょうるい）

分　類：キジ目キジ科

体　長：50～70cm
（オスは70cmほどの尾羽をもつ）

分　布：中国南西部～ミャンマー

高い山の森や竹林にすみ、地上を歩きまわって昆虫や木の芽、種子などを食べます。メスは地味ですがオスは派手で、繁殖期になるとオスは首のうろこ模様の羽毛をふくらませて、メスにアピールします。

ツヤツヤ 1-2-3-④-5 フワフワ

安　全 ①-2-3-4-5 危　険

爬虫類（はちゅうるい）
パンサーカメレオン
Panther Chameleon
分　類：有鱗目カメレオン科
全　長：50〜60cm（オス）
約30cm（メス）
分　布：マダガスカル
森の木の上にすみ、昆虫を見つけると長い舌を伸ばしてとらえて食べます。体はふつう緑色ですが、明るいところに出たり、怒ったり、求愛する時などにはさまざまな色に変化します。
ツヤツヤ 1 2 3 4 5 フワフワ
安　全 1 2 3 4 5 危　険
カメレオンの体の色が気分で変化するのは、コミュニケーションの手段のひとつなんだね。
カメレオン
コレクション

もっと！知りたい

## カメレオンのヒミツに迫る！

### ？ヒミツ1 体の色を自在に変化！

カメレオンは、とても小さな結晶を含む細胞の層をもち、この細胞が伸びたり縮んだりすることで体の色が変化します。今までは、体の色を変化させるのは周囲の景色と同化するためだけと考えられていましたが、それだけではなく、その時の気分や敵へのいかくやなわばり争い、求愛行動により色が変化することが分かっています。

↑カメレオンのなかまの皮膚を拡大した様子。

### ？ヒミツ2 長す舌を勢いよく発射！

カメレオンは、粘着性のある長い舌を、口から素早く伸ばしてえものの昆虫などをつかまえます。舌はふだんは口の中でアコーディオンのように折りたたまれていますが、狩りになると筋肉を使って矢のように飛ばすことができるのです。

↑口から舌を発射してえものをとらえた瞬間のカメレオン。

## ルリコンゴウインコ
## ベニコンゴウインコ
## アカコンゴウインコ

鳥類（ちょうるい）

**Blue-and-yellow Macaw（ルリ）**
**Green-Winged Macaw（ベニ）**
**Scarlet Macaw（アカ）**

分　類：オウム目インコ科
全　長：76〜96cm
分　布：中央アメリカ〜南アメリカ

熱帯の森にペアですみ、果実や種子、硬い木の実などを食べます。美しい羽はなかまを見分ける印になっていますが、飾り物として大量に捕獲され、絶滅の危機にひんしています。

ツヤツヤ ①-②-③-④-⑤ フワフワ（4）
安　全 ①-②-③-④-⑤ 危　険（1）

**もっと！知りたい**

### どうして南国にはカラフルな生き物が多いの？

南国の森は深い緑色に包まれ、そこに1年中、さまざまな色の花が咲き、果実が実っています。そのような色彩が豊かな場所では、地味な色合いのものよりも赤、青、黄色などの派手な色合いのものの方がかえって目立たないのです。えものをとったり、敵から逃げたりするには、派手な方が都合が良く、生き残りの率が高いのです。南国に色彩豊かな生き物が多いのは、そんなところにワケがあるのです。

ルリコンゴウインコは、世界でも最大級のインコのなかまなんだ。

爬虫類（はちゅうるい）

## ジンバブエ フラットリザード

Zimbabwe Flat Lizard

分　類：有鱗目ヨロイトカゲ科

全　長：約12cm

分　布：南アフリカ

サバンナや岩だらけの荒地にすみ、小動物を食べます。一見派手で目立つように見えますが、周囲の色合いに溶け込み、生き残るのに有利だったと考えられています。

ツヤツヤ 1-2-3-4-5 フワフワ

安　全 1-2-3-4-5 危　険

鳥類（ちょうるい）

## キューバコビトドリ

Cuban Tody

分　類：ブッポウソウ目 コビトドリ科

全　長：約11cm

分　布：中央アメリカ（キューバ）

海岸近くの林や森の渓流沿いに多く、小さな昆虫やクモを食べます。巣は、地中に長さ30cmほどのトンネルを掘って作るため、めったに見ることはできないといわれています。

ツヤツヤ 1-2-3-4-5 フワフワ

安　全 1-2-3-4-5 危　険

光る生き物大集合!
生き物のなかには、えものをとるためや身をかくすためなど、さまざまな理由で光るものがいます。そんな生き物たちを、自ら光を発する「ピカピカ」と、光沢のある体をもつ「キラキラ」に分けて紹介します。
ハナガサクラゲ
「兜」の形に似ていることからこの名前がついたよ。
シンカイウリクラゲ
ピカピカな生き物
レイルロードワーム（幼虫）
まるで線路のように見えるね!
成長すると…
ラビアータミズクラゲ
フウセンクラゲのなかま
キタカブトクラゲ
116

キラキラな生き物
アオモンホウセキカタゾウムシ
水玉のドレスでおめかし♪
マスダクロホシタマムシ
タマムシ
センチコガネ
とってもキレイだけど、毒の針をもっているよ！
リンネセイボウ
パウアゾウムシ
正面から見ると…
アルゼンティオーラプラチナコガネ
キンイロヒナバッタ
ニジイロクワガタ

# 第2章 黒・白・グ

黒や白と聞くと、もしかしたら地味な生き物を想像するかもしれません。でも実は、黒や白でもとても美しかったり、不思議な見た目の生き物がたくさんいます。

ボクたちがこの本の
どこかで登場するよ！
探してみてね！
レーの生き物
しろ・くろ・ぐれーのいきもの

昆虫類（こんちゅうるい）

## アリバチ

Euspinolia Ornately Wasp

分　類：ハチ目アリバチ科

全　長：約8mm

分　布：南アメリカ南部（チリ、アルゼンチン）

「パンダアリ」とも呼ばれますが、ハチのなかまで、メスは翅をもたずアリに擬態しています。岩の多い荒地にすみ、他のハチやハエ、チョウなどの幼虫や繭に卵を産みつけます。

ツヤツヤ 1-2-3-**4**-5 フワフワ

安　全 1-**2**-3-4-5 危　険

爬虫類（はちゅうるい）

## メキシコクロキングヘビ

Mexican Black Kingsnake

分　類：有鱗目ナミヘビ科

全　長：150～200cm

分　布：メキシコ、北アメリカ南西部

岩の多い砂漠にすみ、小形のネズミやリス、トカゲなどを食べます。ガラガラヘビのような毒ヘビを食べることもありますが、毒に耐性があり食べても平気です。黒い体色はカモフラージュに役立っています。

ツヤツヤ 1-**2**-3-4-5 フワフワ

安　全 1-**2**-3-4-5 危　険

体長にしめるくちばしの割合は、鳥のなかまでも最大！　このくちばしは体温調節に役立っていると考えられているんだ。

## オニオオハシ

Toco Toucan

鳥類（ちょうるい）

分　類：キツツキ目オオハシ科

全　長：約65cm

分　布：南アメリカ

熱帯の森や川の周辺にすみ、大きなくちばしを使って果実や、ときに昆虫や鳥の卵なども食べます。くちばしは種の印であると同時に、体内の熱を放散するはたらきもあります。

ツヤツヤ 1-2-3-4-5 フワフワ（3）

安　全 1-2-3-4-5 危　険（1）

## シロマダラサンショウウオ

両生類（りょうせいるい）

Marbled Salamander

分　類：有尾目トラフサンショウウオ科

全　長：約11cm

分　布：北アメリカ東部

森や、湿地の広がる林にすみ、ミミズや昆虫などを食べます。目立つ体色をしていますが、毒はもちません。

ツヤツヤ 1-2-3-4-5 フワフワ（2）

安　全 1-2-3-4-5 危　険（1）

## シロヘラコウモリ

鳥類（ちょうるい）

Honduran White Bat

分　類：翼手目ヘラコウモリ科

体　長：3.7～4.7cm

分　布：中央アメリカ

熱帯の森にすみ、夜飛びまわって昆虫などを食べます。昼間にはヘリコニアの大きな葉の間に何頭かが集まって休みます。白変種（124ページ）ではなく、熱帯に白い動物がいることは極めて珍しいとされます。

ツヤツヤ 1-2-3-4-5 フワフワ（3）

安　全 1-2-3-4-5 危　険（1）

## オジロウチワキジ

鳥類（ちょうるい）

Bulwer's Pheasant

分　類：キジ目キジ科

全　長：56～81cm

分　布：ボルネオ島

熱帯の深い森林にすみ、地上を歩きながら果実や昆虫など食べます。オスは黒い羽毛でおおわれ、白くて長い尾羽は、繁殖期に広げてメスに求愛するのに使われます。

ツヤツヤ 1-2-3-4-5 フワフワ（5）

安　全 1-2-3-4-5 危　険（1）

## フリージアン（ホース）

哺乳類（ほにゅうるい）

Frisian

分　類：奇蹄目ウマ科

体　高：約160cm

分　布：オランダ

輝くような漆黒の黒毛に、長いたてがみと尾、引き締まった筋肉質の体がまるで古代ギリシャの彫像のような、とても美しい馬です。乗用、馬車用、農耕用として飼育されていました。

ツヤツヤ 1-2-3-4-5 フワフワ（2）

安全 1-2-3-4-5 危険（1）

長いたてがみや、尾が特ちょうです。

## ヴァレー・ブラックノーズ（シープ）

哺乳類（ほにゅうるい）

Valais Blacknose

分　類：偶蹄目ウシ科

体　高：約75cm

分　布：スイス

黒い顔、耳、長い毛が特ちょう的な、ヒツジの1品種です。長い毛は寒冷な山岳気候に適したもので、年に2回毛刈りが行われ、1頭から年間約4kgの羊毛を得ることができます。

ツヤツヤ 1-2-3-4-5 フワフワ（5）

安全 1-2-3-4-5 危険（1）

## アルビノ・メラニズム・白変種のヒミツ

「アルビノ」とは、生まれもってメラニンという色素が欠乏している個体のことです。反対に「メラニズム」とは、生まれもってメラニン色素を過度にもっている個体です。敵から見つかりやすいので、自然界での生存はとてもまれです。また「白変種」とは、下で紹介しているシロクジャクや127ページで紹介しているホワイトライオンのような、色素が減少して体色が白くなった個体です。同じ白い見た目でも、アルビノと白変種はことなります。

アルビノのウミガメ

メラニズムのシマウマ

鳥類（ちょうるい）

# シロクジャク

White Peacock

分　類：キジ目キジ科

全　長：1～2m

分　布：南アジア（インド、パキスタン、ネパール）

インドクジャクの白変種です。動物は突然変異で白い個体が生まれることがありますが、野生では目立ちすぎて生きていけません。人間が保護することで数を増やしています。

ツヤツヤ 1-2-3-**4**-5 フワフワ

安　全 **1**-2-3-4-5 危　険

## クラハシコウ

Saddle-billed Stork

鳥類（ちょうるい）

分類：コウノトリ目コウノトリ科

全長：約142cm

分布：アフリカ（サハラ砂漠以南）

サバンナの湿地にすみ、水に入って歩きまわりながらカエルや魚などの小動物を食べます。白黒の体と、赤・黒・黄色のくちばしは、種の印（標識色）となっています。

ツヤツヤ 1-2-**3**-4-5 フワフワ

安全 **1**-2-3-4-5 危険

## カンムリシロムク

Bali Myna

鳥類（ちょうるい）

分類：スズメ目ムクドリ科

全長：約25cm

分布：東南アジア（バリ島北西部）

林や草原にすみ、昆虫や果実、種子などを食べます。白色の全身と、目のあたりの水色が美しい鳥です。むやみに捕獲されたため、生息数は50羽程度とみられ、絶滅の恐れがあります。

ツヤツヤ 1-2-3-**4**-5 フワフワ

安全 **1**-2-3-4-5 危険

人間が増やした鳥だから、自然界で生きていくのは難しい鳥なんだ。

頭と首に羽が生えていないのは、死んだ生き物を食べて細菌が発生しても、日光で消毒するためなんだ。

鳥類（ちょうるい）

# トキイロコンドル

**King Vulture**

分　類：タカ目コンドル科

全　長：約80cm

分　布：中央アメリカ、南アメリカ

森林やサバンナなどにすみ、高空を気流に乗ってゆったりと飛びながら動物の死骸を探します。「トキイロ」とは「鴇色」と書き、黄みがかったピンク色のことです。

ツヤツヤ 1-2-3-**4**-5 フワフワ

安　全 **1**-2-3-4-5 危　険

## アヤム・セマニ

鳥類（ちょうるい）

Ayam Cemani

分　類：キジ目キジ科

体　長：40〜60cm

分　布：インドネシア・ジャワ島

ニワトリの１品種で、全身真っ黒なことで知られています。とさかや口の中までも黒く、一説には肉も黒く、黒くないのは血液だけ、ともいわれます。この体色は、黒色遺伝子のためだと考えられています。

ツヤツヤ 1-2-3-**4**-5 フワフワ

安　全 **1**-2-3-4-5 危　険

## ホワイトライオン

哺乳類（ほにゅうるい）

White Lion

分　類：食肉目ネコ科

体　長：約250cm（オス）、約175cm（メス）

分　類：南アフリカ

ライオンの白変種です。野生でも突然変異でホワイトライオンが生まれますが、目立つため通常は生きていけません。これを保護して増やしたものが、各地の動物園などで見られます。

ツヤツヤ 1-2-3-**4**-5 フワフワ

安　全 1-2-3-4-**5** 危　険

夏は、羽の色が黒・白・グレーになります。

## シマエナガ

Yezo Long-tailed Tit

鳥類（ちょうるい）

分　類：スズメ目エナガ科

全　長：約14cm

分　布：北海道

北海道の林で見られるエナガのなかまで、群れで暮らします。枝先などを飛びまわり、小さな昆虫や幼虫、クモ、種子、木の実などを食べます。白く丸い見た目は、冬毛のためです。

ツヤツヤ 1-2-3-4-**5** フワフワ

安　全 **1**-2-3-4-5 危　険

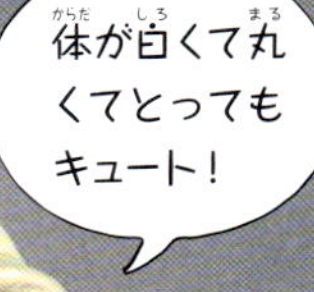

体が白くて丸くてとってもキュート！

鳥類（ちょうるい）

## ジャコビン（ハト）

**Jacobin Pigeon**

分　類：ハト目ハト科

全　長：32～37cm

分　布：アジア原産、イギリスで固定

美しい姿を見て楽しむ観賞用のハトです。上方へ長く伸びた首の羽毛が頭をつつみこみ、まるで中世の貴婦人のよう。12世紀頃、僧侶ジャコビンが突然変異した個体を固定したといわれています。

ツヤツヤ 1-2-3-4-**5** フワフワ

安　全 **1**-2-3-4-5 危　険

↑正面から見ると、顔のまわりの豪華な毛のようすがよく分かります。

## エリマキシギ

鳥類（ちょうるい）

Ruff

分　類：チドリ目シギ科

全　長：22〜32cm

分　布：ユーラシア大陸北部（夏）、南アジアやアフリカ（冬）

オスは繁殖期になると決まった場所に集まり、互いに競い合うようにえり巻きを広げて、おじぎをするような求愛行動を行います。子育ては、メスだけが行います。

ツヤツヤ 1-2-3-4-**5** フワフワ

安　全 **1**-2-3-4-5 危　険

↑個体により、体の色がことなります。

## ウルフイール

魚類（ぎょるい）

Wolf Eel

分　類：スズキ目オオカミウオ科

全　長：約2.4m

分　布：北太平洋の陸地沿いの浅海

岩礁地帯の岩穴や岩の割れ目にひそみ、エビやウニ、貝などを食べます。薄暗い海で目立たない体色をしている。オスとメスは仲良しで、片方が食事に出ている間は、もう片方が巣に残り、卵を守ります。

ツヤツヤ 1-2-**3**-4-5 フワフワ

安　全 **1**-2-3-4-5 危　険

↑ウナギのような、長い胴体をもっています。

ヒナのころは、冠羽をもちません。

## イワトビペンギン

Rockhopper Penguin

鳥類（ちょうるい）

分　類：ペンギン目ペンギン科

全　長：45〜58cm

分　布：南半球南部の島々

4〜9月ころは海上生活をしています。10〜11月になると繁殖地にもどり、岩の上などをピョンピョン跳びながら平地に行き、オスとメスのペアで子育てをします。頭の黄色い毛は、この種の印（標識色）です。

ツヤツヤ 1-2-3-4-5 フワフワ（4）

安全 1-2-3-4-5 危険（1）

# スケルトンな生き物大集合！

スケルトンとは、透明という意味。つまりここでは、透明な体をもつ生き物たちを紹介します。どうして体が透明になったのか詳しいことは分かっていませんが、敵から見つかりにくくするためなどと考えられています。

## スケルトン×海

ゴマフホウズキイカ
ケンサキイカ（幼生）
クリオネの名前でも親しまれているよ！
ハダカカメガイ
ウミスズメ（幼魚）
アカチョウチンクラゲ
まるで目玉焼きみたい!?
サムクラゲ
アカメハゼ
サメハダホウズキイカ
ホヤのなかま

スケルトン×陸
スカシマダラ
クロホシウスバシロチョウ
透明な甲らがUFOみたい!?
今は透明だけど、大人になると毛むくじゃらになるなかまも!
ジンガサハムシ
イラガ科のなかま（幼虫）
透明な部分と、りんぷんがついた部分の両方をもっているのよ。
番外編
スケルトンな植物やキノコ
濡れると透明になるよ!
サンカヨウ
ヒメシロウテナタケ
アケボノスカシジャノメ

# 身のまわりの不思議な色もつ生き物たち

第３章では、身近で見ることができる不思議な色をもつ生き物を紹介します。つかまえたり、ペットとして飼ったり、動物園や水族館に行ってみたり…。不思議な色をもつ生き物とふれあってみましょう。

# 不思議な色のペットを飼ってみよう

近年、熱帯魚やインコ、オウム、爬虫類など、美しい色のペットが人気を集めています。なかには「どうしてこんな色に？」とびっくりしてしまうような色の生き物も。ペットとして飼育できるカラフルな生き物をご紹介しましょう。なお、生き物を飼うことには責任と苦労が伴います。きちんと環境を整えてからペットを迎えましょう。

## カージナルテトラ

有名なネオンテトラと並んで人気があるのがカージナルテトラです。比較的飼育が容易なので、熱帯魚飼育の初心者にもおすすめです。頭部から腹部までしっかり入った赤いラインが美しく、成魚になるとさらに鮮やかになります。

## ブルーグラスグッピー

鮮やかな青い尾ヒレと黒点が特ちょう的なブルーグラスグッピー。成長すると体長3〜5cmほどになります。飼育・繁殖がしやすい種類ですが、ブルーグラスグッピー同士で繁殖させてもすべての子どもが同じ色にはならないことがおもしろさです。

## アキクサインコ

ピンク色の羽と、くりっとした大きな目が愛らしいアキクサインコ。とても美しい声で鳴きますが鳴き声は小さく、性格が温和でじょうぶなので飼いやすいインコです。エサはシード（植物の種）やペレットなど。臆病な面がありますが、飼い主とのんびりするのが好きな種類です。

## スーパーレッドチェリーシュリンプ

最大で4cmほどの小さなエビで、美しい色合いとかわいらしさが人気のチェリーシュリンプ。水槽のコケを食べてくれるお掃除屋さんとしても重宝されます。青や黄色、白などさまざまな色の個体がいますが、なかでも赤が際立って美しいのがスーパーレッドチェリーシュリンプです。

## マメルリハインコ

ペットとして飼われているインコのなかでは最小サイズで、体重は30gほど。グリーンやブルーのさわやかな見た目が人気です。小さいけれどとても活発で、飛びまわるのが大好き。やや攻撃的な面があるので、性格をよく理解してうまく付き合ってあげましょう。

## クルマサカオウム

「世界一美しいオウム」といわれ、体長は40cmほど。体の色はおもにピンクと白で、頭の上にある冠羽が開くと白・赤・黄色・赤のきれいな縞模様が見られます。繁殖が非常に難しいので、販売価格は一羽100万円以上。なお、オウムは朝と夕方に大きな雄叫びを上げるので、飼育には周囲への配慮が必要です。

## パプアキンイロクワガタ

緑や青、黄色、紫などの種類が存在し、金属のような光沢が美しい、魅力的なクワガタです。ニューギニアに生息し、大きいもので約5cmになります。飼育は比較的簡単で、エサは市販の昆虫ゼリーでOK。成虫の寿命は半年ほどです。

## 三毛猫

日本生まれの三毛猫。「白・茶・黒」の3色をバランスよくもつ猫の総称で、その割合や模様はさまざま。模様によってキジ三毛、縞三毛などと呼ばれることもあります。人懐っこく、比較的おとなしくてきれい好きなので、初心者にも飼いやすいでしょう。実は三毛猫はほとんどがメスで、突然変異で生まれる三毛猫のオスは3万匹に1匹程度です。

## アオジタトカゲ

アオジタトカゲは名前のとおり舌が青く、肌触りがツルツルしたトカゲです。ツチノコとして見まちがわれたのはこのアオジタトカゲではないかという説もあります。雑食性で、エサは野菜を中心に、肉や昆虫など。最大で体長70cmほどに成長します。

# 不思議な色の昆虫を探してみよう

自然界に生息する昆虫たちにもカラフルで美しい種類がたくさんいます。普段は気にしていない草むらなどを注意深く見てみると、驚くほどきれいな色の昆虫が見つかるかもしれません。夏休みなどは、カラフルな昆虫を探しに山や森に行ってみてもよいですね。ここでは、家の庭や公園などでもみられることがある美しい昆虫を紹介します。

## キアゲハ

アゲハチョウに似ていますが、模様がやや異なり黄色がかっています。4～10月頃に日本全国でみられ、パセリやニンジンを明るいところに植えると庭に来てくれることがあります。

## キタキチョウ

黄色の翅が美しく、表には黒い縁取り、裏にはぼやけた黒い斑点があります。モンシロチョウより一回り小さく、活発に飛んでいろいろな花で蜜を吸ったり、地面の水分を吸水したりしています。

## ルリシジミ

明るい青紫や水色の美しい翅をもつ12～19mmほどの蝶。日本全国に生息し、数が多いので発見しやすい種類です。街中の公園や人家の庭でもよく見られます。

## ナナホシテントウ

赤い体に7つの黒い斑点がある、なじみ深くかわいらしい昆虫。成虫で越冬し、3月頃から庭や畑などでよくみられます。アブラムシを食べるので、菜の花畑で探せばすぐに発見できます。幼虫もアブラムシを食べますが、エサが足りないと共食いすることも。

## アサギマダラ

アゲハチョウよりも大ぶりの蝶で、ステンドグラスのような浅葱色の翅が美しく、胴体にまだら模様があります。あまりはばたかず、ふわふわと優雅に飛びます。暖かい地を求めて数百キロも南下するといわれます。

## アオスジアゲハ

翅の中央に美しい水色の帯があります。人家の庭や街路樹など、人が住んでいるエリアでも、樹木や花のまわりをめまぐるしく飛び回る姿を発見することができます。

## ツマグロオオヨコバイ

危険を感じると横に歩いて隠れるのでヨコバイ（横這い）という名前が付いています。通称は「バナナ虫」。体長13mmほどで、黄色の体と頭部の黒い斑点が印象的です。7～10月頃に庭木などの葉の裏や茎にいることが多く、比較的簡単に見つけることができます。

## ショウジョウトンボ

アキアカネなどの普通のアカトンボよりもひとまわり大きく、腹まで真っ赤な体が特ちょうです。池や水田、溝川などに広く分布し、全国的に見かける機会が多いトンボ。4～11月頃にみられ、水面上をパトロールするように飛んでいることが多いです。

## アオカナブン

7～8月の暑い時期に見ることができる、青緑色の美しいカナブン。25mm前後で、普通のカナブンよりもやや細長い形をしています。山地でコナラやクヌギの樹液に集まりますが、庭や公園の木でもみられます。素早く飛んでしまうので、見つけたらそっと近づいて観察しましょう。

## 山や森、茂みに行くときは……

自然のなかには、刺されると危険な虫や、触れるだけで中毒症状が出る植物が存在します。昆虫を探しに山や森に行くときは、必ず大人と一緒に出かけましょう。また、荷物はリュックに入れ、帽子・長袖の服・長ズボン・軍手や手袋、歩きやすい靴を身に付け、慎重に行動しましょう。

帽子
リュック
長袖の服
軍手
手袋
長ズボン
歩きやすい靴

# 不思議な色の生き物を見に行こう

全国には、さまざまな生き物が観察できる動物園、水族館はもちろん、ヘビなどの爬虫類を専門に飼育するスネークセンターなどがたくさんあります。日本国内でそこでしか見られない生き物に出会える施設もありますので、機会があれば出かけてみましょう。プロの飼育員さんに話を聞くことができればラッキー。新たな発見があるかもしれません。

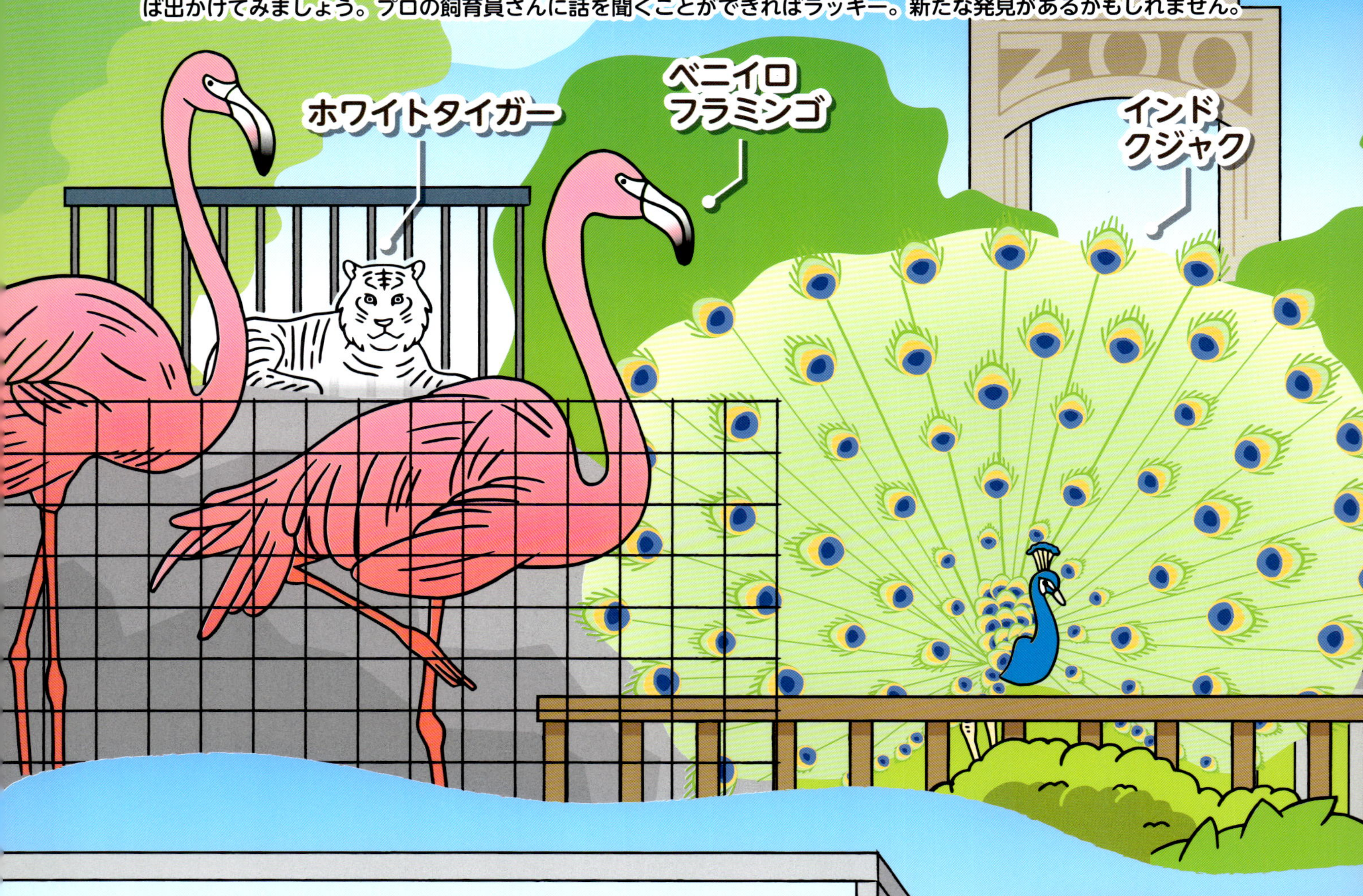

オニオオハシ
グリーンマンバ
オカピ
ハナガサクラゲ
ヒロオビ
フィジーイグアナ

# 不思議な色で擬態する生き物大集合！

「擬態」とは、生き物が、自身の体を身の回りの景色や他の生き物によく似せることです。擬態をすることで、敵に見つかりにくくなり、身を守ることができると考えられています。

**この写真のなかに生き物がかくれています。どこにいるのか探してみよう！**

## 擬態×陸

擬態×海
ヒント!
ピンクの枝にまぎれて、生き物が一匹…!
ヒント!
かくれんぼ名人のカニがいるの、分かるかな?
ヒント!
体が赤い生き物、見つけられるかな?
ヒント!
海底の砂の中にかくれているよ!
番外編
なにに似てるか分かるかな!?
そっくり!?
○○に似ている植物たち
モンキーフェイスオーキッドとよばれる、ランのなかまです。
ホットリップスプラントとよばれる、中南米原産の植物です。

答えは次のページ!➡

# 不思議な色で擬態する生き物大集合！ 答えあわせ編

## 答えあわせをしてみよう！

前のページで紹介した擬態する生き物たちが、どこに隠れていたか答えあわせをしてみましょう。あなたはいくつ分かったかな？

キミはいくつ分かったかな？

# さくいん

巻頭、第2章、第3章に登場する生き物の名前を五十音順に掲載しています。

監修
今泉忠明（日本動物科学研究所所長）

ナビゲーター
ココリコ 田中直樹

イラスト
マカベアキオ、小林孝文

写真
PPS通信社、アフロ、アマナイメージズ
鎌形久、田中桂一、中野誠志、古見きゅう、水口博也、山田智一、ロイター、500px、abe hideki、AGE、AGE FOTOSTOCK、a.collectionRF、Alamy、Animals Animals、Arco Images、Ardea、atopapa、AUSCAPE、Barcroft Media、BIRRRD、Blickwinkel、Bluegreen Pictures、Brandon Cole、Caters News、Chris Newbert、Colin Carter、Daniel Parent、Danita Delamont、David Wall、dkey、easyFotostock、Erwin Zueger、FLPA、Frans Lanting Photography、fujimaru atsuo、fukuda yukihiro、Gakken、Gary Retherford、GEORGETTE DOUWMA、Gerard LACZ 、GYRO PHOTOGRAPHY、HEMIS、HIROSHI KOMIYAMA、HISASHI KAMAGATA、igari masashi、imagebroker、imai hatsutaro、Juniors Bildarchiv、KAZUO UNNO、Koichi Fujiwara、Luiz Claudio Marigo、Mark Newman、Mary Evans、Masterfile、Michael Turco、Michele Westmorland、Minden Pictures、nakano seishi、Nature in Stock、Nature Picture Library、Nature Production、NATURE’S PLANET MUSEUM、naturepl.com、NiS、NOBUTAKE HAYAMA、Norbert Wu、Pete Oxford、Photoshot、Picture Press、Pixtal、Prisma Bildagentur、Reinhard Dirscherl、Rinie van Meurs、robertharding、RYO MINEMIZU、sakurai atsushi、Science Faction、Science Photo Library、Science Source、SEBUN PHOTO、shinkai takashi、SIME、SINCLAIR STAMMERS、taguchi tetsuo、TAKAJIN、Thomas Marent、Topic Images、TSUNEO YAMAMOTO、UIG 、unno kazuo、Vincenzo Maiorano、Visuals Unlimited, Inc. 、wada goichi、WESTEND61、yamamoto noriaki、yasumasa kobayashi

編集
鈴木 幸、清井祐子（ウララコミュニケーションズ）

デザイン
彦坂暢章、堀江詩織（ウララコミュニケーションズ）

撮影
佐々木信行

ヘアメイク
三石安里

スタイリング
佐野 旬

おもな参考文献

『世界の美しい色の鳥』（エクスナレッジ）
『世界の美しい透明な生き物』（武田正倫、西田賢司／監修、エクスナレッジ）
『きらめく甲虫』（丸山宗利／著、幻冬舎）
『世界でいちばん素敵な昆虫の教室』（須田研司／監修、三才ブックス）
『色の大研究』（PHP研究所）
『光の大研究』（瀧澤美奈子／著、PHP研究所）
『五感ってナンだ！　まるごとわかる「感じる」しくみ』（坂井建雄／監修、山村紳一郎／著、誠文堂新光社）
『びっくり、ふしぎ 写真で科学③　動物の目、人間の目』（ガリレオ工房／編、大月書店）

**監修者紹介**

**今泉忠明（日本動物科学研究所所長）**

1944年東京都生まれ。東京水産大学（現・東京海洋大学）卒業。国立科学博物館にてほ乳類の分類を学ぶ。1996年6月、北海道のサロベツ原野で、世界最小のほ乳類である「トウキョウトガリネズミ」を生きたまま捕獲することに成功。現在は日本動物科学研究所所長を務める。おもな著書に『ビジュアル解説！ 毒をもつ生き物図鑑』（文研出版）、『おもしろい！ 進化のふしぎ ざんねんないきもの事典』（高橋書店）、『猛毒生物 最恐50』（サイエンス・アイ新書）、『図解雑学 最新ネコの心理』（ナツメ社）、『小さき生物たちの大いなる新技術』（ベスト新書）など多数。

**ナビゲーター紹介**

**ココリコ 田中直樹**

1971年、大阪府生まれ。よしもとクリエイティブ・エージェンシー所属。出演中のTV『池の水ぜんぶ抜く』（テレビ東京）では、日本中にある池を掻い掘りし、特定外来生物などの捕獲・駆除を行い好評を博している。著書に『ココリコ田中×長沼毅 presents 図解 生き物が見ている世界』（学研／長沼毅共著）がある。

ビジュアル解説！

**不思議な色をもつ生き物図鑑**

ふしぎないろをもついきものずかん

2018年3月30日　第1刷発行
2021年3月30日　第2刷発行

監　修　今泉忠明

発行者　佐藤諭史

発行所　文研出版

〒113-0023 東京都文京区向丘2-3-10　電話番号（代表）06-6779-1531

〒543-0052 大阪市天王寺区大道4-3-25　電話番号（児童書お問い合わせ）03-3814-5187

https://www.shinko-keirin.co.jp/

印刷製本　株式会社太洋社


ISBN978-4-580-88599-8

- 定価はカバーに表示してあります。
- 乱丁・落丁はお取り替えいたします。


NDC468　152P　21×25.7cm

# なんの生き物か分かるかな!?
## 不思議な色をもつ生き物クイズ

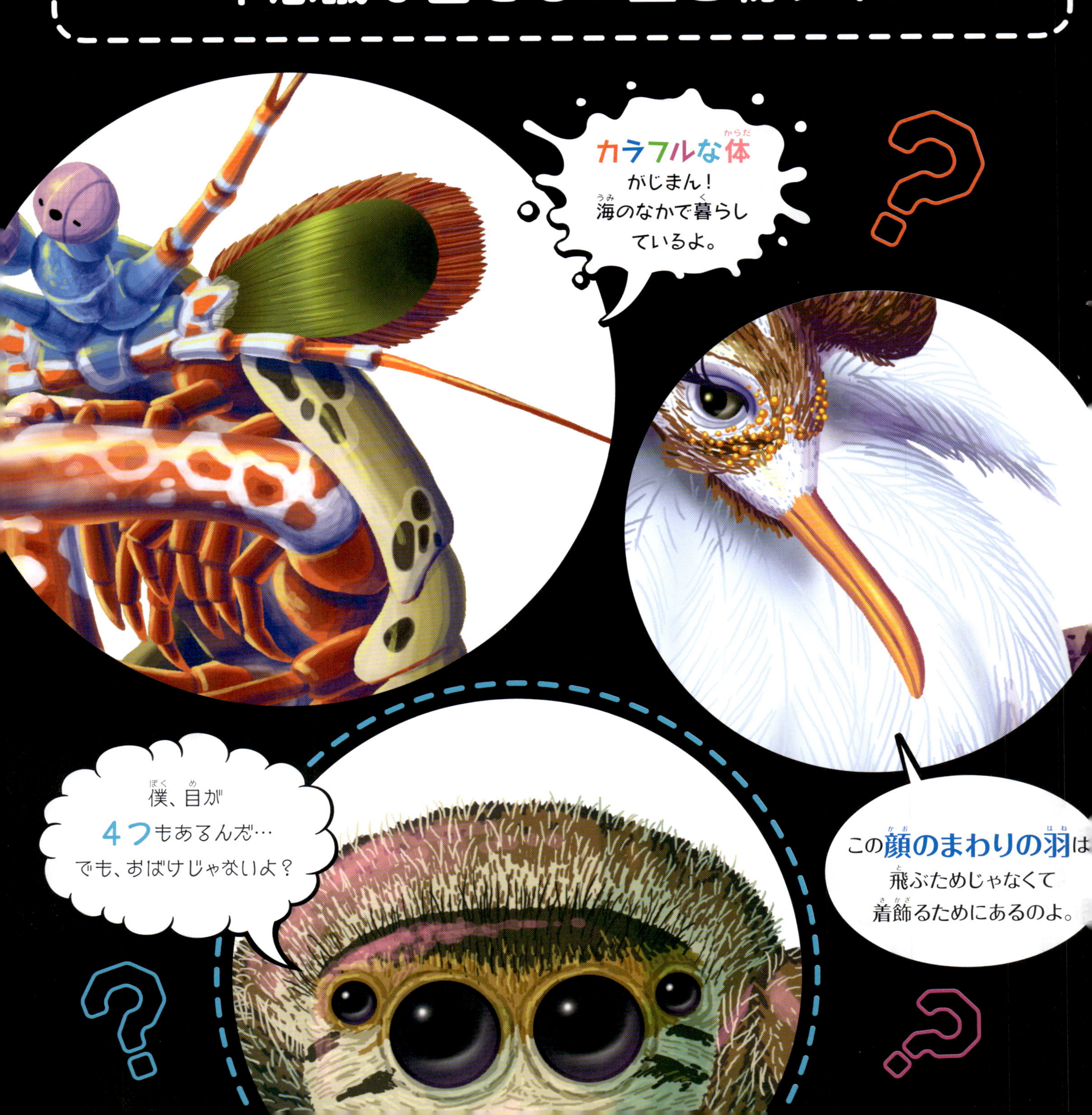